国家骨干院校重点建设专业校企合作教材

Qiche Yansheng Fuwu Shixun Jiaocheng

汽车衍生服务实训教程

侯彦羽　主编
张　锐　主审

人民交通出版社

内 容 提 要

本书是高等职业院校汽车技术服务与营销专业教材,主要包括汽车消费信贷、汽车保险与理赔、汽车美容、二手车贸易四个学习情境。

本书可供高等职业院校汽车技术服务与营销专业、汽车评估与鉴定专业教学使用。

图书在版编目(CIP)数据

汽车衍生服务实训教程 / 侯彦羽主编. —北京:
人民交通出版社, 2014.7

国家骨干院校重点建设专业校企合作教材

ISBN 978-7-114-11336-9

Ⅰ.①汽… Ⅱ.①侯… Ⅲ.①汽车工业 - 销售管理 - 商业服务 - 高等职业教育 - 教材 Ⅳ.①F407.471.5

中国版本图书馆 CIP 数据核字(2014)第 064552 号

国家骨干院校重点建设专业校企合作教材

书　　名: 汽车衍生服务实训教程
著 作 者: 侯彦羽
责任编辑: 王佳琦
出版发行: 人民交通出版社
地　　址: (100011)北京市朝阳区安定门外外馆斜街 3 号
网　　址: http://www.ccpress.com.cn
销售电话: (010)59757973
总 经 销: 人民交通出版社发行部
经　　销: 各地新华书店
印　　刷: 北京市密东印刷有限公司
开　　本: 787 × 1092　1/16
印　　张: 4.75
字　　数: 120 千
版　　次: 2014 年 7 月　第 1 版
印　　次: 2014 年 7 月　第 1 次印刷
书　　号: ISBN 978-7-114-11336-9
定　　价: 18.00 元

序

2010年青海交通职业技术学院跻身于全国高职院校“百强”行列，成为西北地区唯一一所交通运输类国家骨干高职院校。汽车运用技术专业群是国家骨干高职院校重点建设项目之一。

本书基于汽车运用技术专业“厂校融通、项目引领、三段递进”312人才培养模式，结合现代职业教育理念，以一汽-大众汽车、北京现代汽车、丰田汽车、奇瑞汽车四种车系为基础，系统地、科学地将四种品牌汽车知识、新技术、操作规范及在专业中的应用技能进行了整合，引导学生在掌握基本的汽车理论基础后，结合实际的职业岗位能力要求，进行四种车系专项技能学习。

本书的内容是在企业调研的基础上，吸收高职高专课程体系改革的先进理念，结合专业特色进行整合的共享型资源，具有较强的指导性、应用性。

本书是在多年贯彻“工学结合、校企合作”人才培养模式的教学改革经验的基础上，以职业能力培养为目标，由企业技术人员和学校教师共同编写，体现了学校教学和企业实践的有机统一，传统工艺和现代技术的有机融合，并严格贯彻最新标准、规范、工艺和规程要求。编写过程中注重特定教学对象的认识能力和认知规律，采用图文结合的形式，力求直观明了，方便学生专业知识和职业能力的学习与提高，切实做到了理论够用、重在实践。

本书的主要特点是：

1. 从企业的需要出发，重塑教学目标

本书是从企业的需要及学生的职业发展出发，让学生通过品牌汽车专门化学习，能够切实找到自己的职业发展方向，能较好地适应未来企业的用人需要。

2. 从人才培养的目标出发，重整教学内容

汽车技术涉及的品牌、范围、层面、内容非常广泛，本书以丰田、一汽-大众、奇瑞和北京现代四种车系基本知识为基础，以面向高职学生的技能实务为主线，把握重点、落到实处。

在本书编写过程中，笔者参考了近5年来不同版本的本科、专科及中职相关教材、教学参考资料及相关车系4S店提供的信息资料，在此谨向各位参考文献的编写专家及提供信息资料的相关个人、部门表示衷心的感谢。

青海交通职业技术学院

国家骨干院校重点建设专业校企合作教材编审委员会

汽车运用技术专业建设委员会

2014年2月

序

前　言

随着我国汽车工业的迅速发展和汽车保有量的大幅度上升，汽车经营和销售企业急需大量高级汽车销售服务人才。为贯彻《国务院关于大力推进职业教育改革与发展的决定》以及教育部等六部委《关于实施职业院校制造业和现代服务业技能紧缺人才培养培训工程的通知》精神，根据劳动力市场技能型人才的紧缺状况和相关行业人力资源需求预测，本教材根据我国高职高专教材改革的思路和教学基本要求，结合高职高专"高技能应用型人才"的培养目标，配合青海交通职业技术学院骨干校建设项目、青海省专业提升产业能力汽车技术服务与营销专业建设项目，充分考虑汽车专业学生的实际特点，立足于高职高专学生，重视理论与实践的结合，坚持以应用为目的，以必须、够用为度的原则，结合汽车衍生行业服务规范，强调知识点和技能的同步培养。在编写思路上以汽车衍生服务行业实际工作为切入点。本书主要有以下特色：

1. 培养学生掌握汽车衍生服务的基本知识，对企业文化有一定的理解，为学生就业于汽车服务行业做好准备。

2. 针对汽车衍生服务行业的工作要求，共设计了 4 个学习情境，引导学生学习相关的知识内容与技能。通过一个个实训任务，将理论学习、实训项目训练和考核有机地组织在一起，激发学生学习兴趣，做到理实一体、做学结合。

3. 通过"任务"中的引领型项目活动，使学生掌握汽车衍生服务基本知识和基本技能；通过课程的学习，能够承担或了解衍生服务工作任务，并对汽车衍生服务行业工作有所了解，为发展职业能力奠定良好的基础。

本教材是集体劳动的成果，由青海交通职业技术学院侯彦羽主编（情境一、四），张锐任主审，参加本书编写的有韩风（情境二）、蔡月萍（情境三）、青海海通汽车贸易有限公司杨光宇（校外资料提供及实训项目指导）。

在编写本教材的过程中，我们参阅了相关书籍和文献，在此，谨向有关作者致以诚挚的谢意。同时，许多汽车经营和销售企业也对本教材的编写提出了很多宝贵意见和建议，在此表示衷心的感谢。

由于编者水平有限，加上中国汽车市场发展迅速，教材中难免有不妥之处和错误，恳请广大读者批评指正。

编　者

2014 年 2 月

目　　录

情境一　汽车消费信贷

能力目标

1. 掌握经销商汽车消费贷款业务流程。
2. 熟悉各环节需提供的文件资料。

知识目标

1. 理解汽车消费信贷的含义与特征。
2. 掌握汽车消费信贷的还款方式。

任务一　知识准备

一、汽车消费信贷的含义

消费贷款是一种以刺激消费、扩大商品销售、加速商品周转为目的，用未来作担保，以特定商品为对象的信贷行为。汽车贷款是指贷款人向申请购买汽车的借款人发放的贷款，也叫汽车按揭。汽车消费信贷是信贷消费的一种形式。在我国，它是指金融机构向申请购买汽车的用户发放人民币担保贷款，再由汽车购买人分期向金融机构归还贷款本息的一种消费贷款业务。借款人必须是贷款银行所在地常住户口居民、具有完全民事行为能力。借款人须具有稳定的职业和偿还贷款本息的能力，信用良好；能够提供可认可资产作为抵、质押或有足够代偿能力的第三人作为偿还贷款本息并承担连带责任的保证人。贷款金额最高一般不超过所购汽车售价的80%。汽车消费贷款期限一般为1～3年，最长不超过5年。贷款利率由中国人民银行统一规定。

二、汽车消费贷款申请条件

(1)申请汽车消费贷款除了必须在银行所认可的特约经销商处购买限定范围内的汽车外，申请汽车消费贷款的购车者还须具备以下条件：

①购车者必须年满18周岁，并且是具有完全民事行为能力的中国公民。

②购车者必须有一份较稳定的职业和比较稳定的经济收入或拥有易于变现的资产，这样才能按期偿还贷款本息。所谓的“易于变现的资产”一般是指有价证券和金银制品等。

③在申请贷款期间，购车者在经办银行储蓄专柜的账户内存入不低于银行规定的购车首付款。

④向银行提供银行认可的担保。如果购车者的个人户口不在购车当地，还应提供连带责任保证，银行不接受购车者以贷款所购车辆设定的抵押。

⑤购车者愿意接受银行提出的认为必要的其他条件。

(2)如果申请人是具有法人资格的企事业单位,则应具备以下条件:

①具有偿还银行贷款的能力。

②在申请贷款期间有不低于银行规定的购车首付款存入银行的指定账户。

③向银行提供被认可的担保。

④愿意接受银行提出的其他必要条件。

贷款中所指的特约经销商是指在汽车生产厂家推荐的基础上,由银行各级分行根据经销商的资金实力、市场占有率和信誉度进行初选,然后报到总行,经总行确认后,与各分行签订《汽车消费贷款合作协议书》的汽车经销商。

三、贷款人条件

(1)具有完全民事行为能力。

(2)具有购车地区常住户口及有效居住身份。

(3)必须有正规单位、固定职业且有长期稳定收入。

(4)无刑事不良记录及贷款资信不良记录,社会信用良好。

(5)需已婚,年龄在22~55周岁,女性年龄不得超过50周岁。若未婚,需提供第三方不可撤销连带担保(第三方担保人要求等同于贷款人要求)。

(6)贷款人必须有当地区域内的商品房或自建房房产,如贷款人本人无房产,需提供第三方不可撤销连带责任担保(第三方担保人要求等同于借款人要求)。

(7)城镇户口、离婚有房产的贷款人,如果房产产权归贷款人本人,且贷款人有固定职业、稳定收入、年龄在30~55周岁,房产证可以不作抵押。

(8)城镇户口、未婚有房产的贷款人,可由父母担保,但父母须年龄在55周岁以下且有固定工作或者由有房产、有稳定收入的人作担保。

(9)城镇户口,未婚、离婚无房产的贷款人,可由父母(有固定工作)、有房产且具有稳定收入的人作担保,或由有当地常住户口且有房产、有稳定收入的人作担保。

(10)有城镇户口,且未婚、离婚有房产的贷款人,或自己有企业的、注册资金在50万元以上,购买车辆在30万元以下的贷款人可不需要第三者担保,可以自己企业作担保(需提供单位担承资料)。

(11)有市郊区户口、土地使用证属于父母的贷款人,但贷款人有企业,可不找有房产的第三方担保,由企业担保(需提供前三个月纳税证明),且企业注册资金在50万元以上。

(12)若单位作担保,须提供该单位的营业执照、组织机构代码证、税务登记证、法人身份证、验资报告、章程、近期及以上年度财务报表及三个月的汇税证明、董事会或股东会决议(以银行贷款要求为主)。

四、首付要求及贷款年限

贷款车辆首付要求一般在所购车辆售价的30%以上;公务员买国产车首付可为20%;汽车消费贷款期限一般为1~3年,最长不超过5年。

五、汽车消费贷款申请流程

(1)提出车贷申请。申请人选好拟购车辆后,需要填写汽车消费贷款申请书、资信情况调查表,并连同个人情况的相关证明一并提交贷款银行。

(2)在收到申请之后,银行将进行贷前调查和审批。

(3)经过审核,符合条件者,银行会通知借款人填写表格,以及签订借款合同、担保合同、抵押合同,并办理抵押登记和保险等手续。

(4)银行发放贷款。

(5)借款人将首付款交给汽车经销商,并凭存折和银行开具的提车单办理提车手续。

在申请个人汽车消费贷款的过程中,申请人需要提供身份证复印件、户口本复印件、结婚证复印件、收入证明、银行流水单、房产证复印件等。

六、汽车消费信贷的主要方式

目前,中国汽车消费信贷的模式主要有三种,下面分别予以介绍。

1. 以银行为主体的直客模式

该模式的特点是由银行直接面对客户,在对客户信用进行评定后,银行与客户签订信贷协议,客户通过得到的贷款额度到汽车市场上选购自己满意的产品。

在直客模式中,银行是中心,银行指定律师出据客户的资信报告,银行指定保险公司并要求客户购买其保证保险,银行指定经销商销售车辆。此模式中的风险由银行与保险公司承担。

目前,开展个人汽车消费信贷服务的银行非常多,几乎大多数的商业银行都参与其中,例如,中国工商银行、中国银行、交通银行、招商银行、中国建设银行、中国民生银行等。其中,中国农业银行的信贷额最高。

2. 以经销商为主体的间客模式

该模式的特点是由经销商负责为购车者办理贷款手续,以经销商自身资产为客户承担连带责任保证,并代银行收缴贷款本息,而购车者可享受到经销商提供的一站式服务。由于经销商贷款过程中承担了一定风险并付出了一定的人力物力,所以经销商通常需要收取2% ~4%的管理费。在这一模式中,经销商是主体,它与银行和保险公司达成协议,负责与消费信贷有关的一切事务,客户只需与经销商打交道。这时,风险由经销商与保险公司共同承担。这种信贷模式的代表是北京亚飞汽车连锁总店(以下简称“亚飞”)。

目前,以经销商为主体的间客模式又有新的发展,从原来客户必须购买保险公司的保证保险到经销商不再与保险公司合作,客户无须购买保证保险,经销商独自承担全部风险。

3. 以非银行金融机构为主体的间客模式

该模式由非银行金融机构组织对购买者进行资信调查、担保、审批工作,向购买者提供分期付款。这些非银行金融机构通常为汽车生产企业的财务公司。

目前,上汽、一汽、天汽等都有自己的财务公司。其中,上汽的财务公司于1997年开始进行个人消费信贷业务,当时的模式是由经销商以售价30%的金额从上海大众提车,其余70%由上汽财务公司提供,该类车辆只能以消费信贷的形式售出。客户购买保险公司的保证保险,律师出具资信文件,由经销商提供车辆,上汽财务公司提供汽车消费信贷业务。一旦出现客户风险,由保险公司将余款补偿给经销商,经销商再将其偿还给上汽财务公司。因此,在这种模式中,风险由上汽财务公司、经销商和保险公司三家共同承担。

七、汽车消费信贷的提供主体

目前,我国汽车消费信贷市场的竞争主体有三个:银行、汽车经销商和汽车企业财务公司。

银行和经销商之间存在着一种既竞争又共生的关系。因为,一方面,我国目前的汽车经销企业还不具备独立开展汽车消费信贷业务的资本规模,它们需要利用银行的资本开展此项业务,与银行之间是一种合作的关系;另一方面,银行的直客模式使经销商无法获得以前收取的管理费和担保费等,与汽车经销商又形成了一定的竞争关系。而我国现实的情况是,银行在客户资信调查工作方面缺乏经验,对风险的态度过于谨慎,所以使得资信调查的中介机构有了生存空间。在汽车经销商中,由于建立了完备的风险控制体系,从而向资信中介机构发展。

银行与汽车企业财务公司的竞争应该说是正常的,但对于具有广阔潜力的汽车消费信贷市场,这两者各有优势。银行的优势在于其营业网点多,资本雄厚;而财务公司的优势在于,它与汽车生产商联系密切,有专业优势,更有调节利润的空间,因此从理论上来说,在利率选择范围上具有自由度。目前,大多数国有商业银行都开展了汽车个人消费信贷业务,少数几家有实力的汽车经销企业也与银行、保险公司合作开展了此类业务。汽车企业的财务公司由于审批手续等问题,开展业务的仅有国内几家大型企业,如一汽、上汽等。从总量上来看,汽车个人消费信贷只占商业银行信贷量很少的一部分。各商业银行目前的竞争手段主要集中在利率优惠层面,例如 2002 年 2 月,央行存、贷款利率调低后,各家商业银行立即作出反应。但由于我国各金融机构执行的汽车消费贷款利率基本不能自行决定(根据央行规定,商业银行在基准利率的基础上只有 10% 的下调空间),所以各商业银行在汽车消费信贷的操作空间很小。从竞争状况看,目前银行间的汽车消费信贷业务竞争不甚激烈。在经销商中,由于进入者较少,经销商更多地倚重银行,许多经销商也并不以消费贷款业务作为利润增长点,所以在这一业务领域,竞争态势也很平静。对于汽车企业的财务公司而言,他们刚迎来了我国加入世界贸易组织之后更为宽松的环境,但又受到央行利率调幅的限制,所以还处于萌芽期,也没有猛烈的市场动作。总体而言,目前汽车消费信贷市场还处于预热阶段,竞争态势平缓。

提供汽车消费信贷的机构有三种:银行、财务公司和经销商。这三方在未来会形成直接的竞争关系。值得注意的是,由于汽车的分销体系往往是以品牌为系列构建的,依附于汽车生产企业的财务公司和经销商会关注某一类产品的营销,而银行则只看重借贷者的偿付能力及信用,而不关注其购买的品牌。因此,在某种程度上,银行、财务公司和经销商之间又可在市场竞争中形成一定的交错关系。比如,在一些无财务公司和经销商提供金融服务的产品上,银行能更广泛地提供服务。目前,国内汽车产业集中度不高,银行与后两者形成这种关系的可能性更强。

保险公司介入汽车消费信贷的原因是因为提供信贷的机构希望降低风险。财务公司和银行要求借贷者购买保证保险,一旦发生坏账时,由保险公司承担赔付。这样,保险公司与银行等机构一起承担风险,而提供消费信贷的主体机构在风险暴露前则有了一定的缓冲区。加入世界贸易组织后,外资保险公司在汽车消费信贷的保险市场会对国内保险公司形成冲击。目前国内保险公司往往不愿意提供保证险种,这是因为他们对风险的控制能力还不强,保险业的竞争也还不激烈,保险业的利润率还很高。一旦保险业的竞争加剧,在汽车消费信贷领域,外资保险公司肯定会利用自己在保证保险方面的优势来争取这项业务。

信用体系的缺失一直是汽车消费信贷操作成本高、手续复杂的原因。汽车消费信贷市场要想做大,必须有健全的信用体系作支撑。对于客户的资信调查,除了由银行、财务公司等专门的金融机构来进行外,还可以由专业的资信调查公司来进行。甚至有些公司愿意承担一部分担保风险,从而分得一部分利润。这一项业务与信贷、保险相结合,就形成了汽车消费信贷市场的一个完整结构。

任务二　汽车消费信贷业务流程

一、实训目的及要求

1. 掌握汽车消费信贷业务流程。
2. 熟悉相关文件资料。

二、实训内容及方法

汽车消费贷款业务流程如图 1-1 所示。

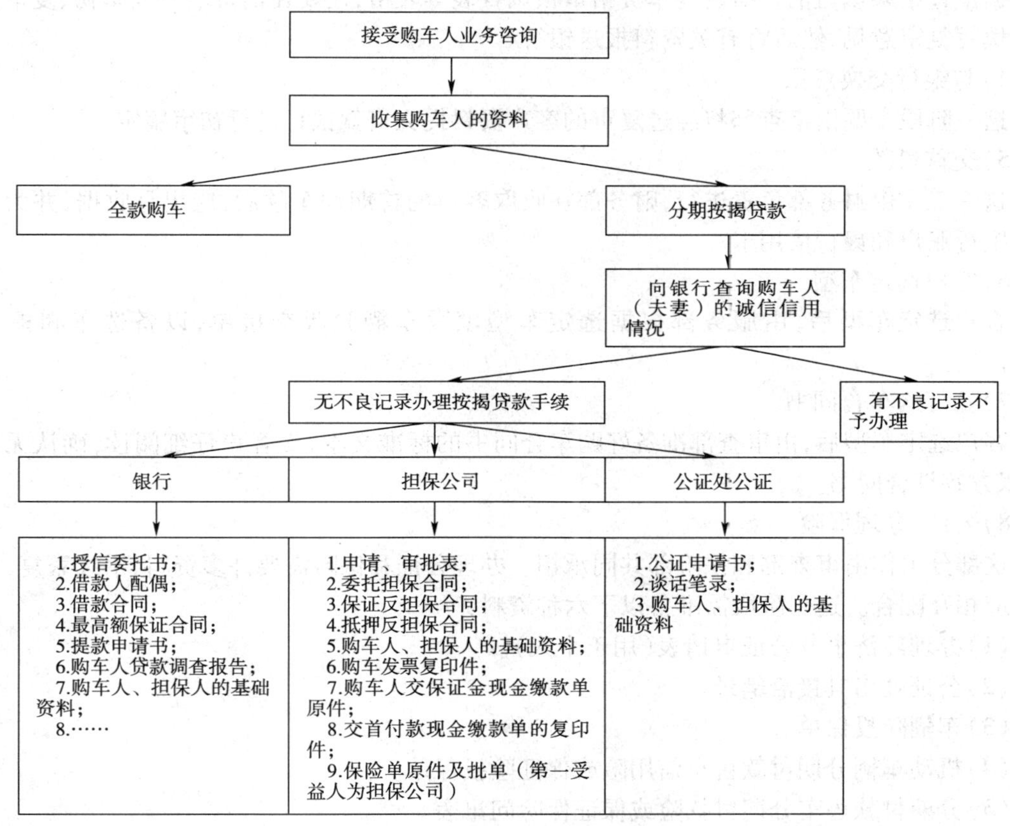

图 1-1　汽车消费贷款业务流程图

1)客户咨询

客户咨询工作主要由咨询部承担,工作内容主要是了解客户购车需求,帮助客户选择车型,介绍购车常识和如何办理汽车消费信贷购车、报价、办理购车手续等。这一阶段需准备的资料有以下 8 种:

(1)汽车消费信贷购车须知。

(2)购车常识。

(3)汽车消费信贷实际操作问答。

(4)消费信贷购车价格明细表。

(5)消费信贷购车费用明细表。

(6)汽车分期付款销售计算表。

(7)客户需提供的个人资料明细表。

(8)客户登记表。

2)客户决定购买

在客户咨询员的介绍和协助下,客户选中了某种车型决定购买,此时咨询员应指导客户填写消费信贷购车初、复审意见表和消费信贷购车申请表,报审查部审查。

3)复审

审查部应根据客户提供的个人资料、消费信贷购车申请、贷款担保等进行贷款资格审查,并根据审查结果填写消费信贷购车资格审核调查表等表格,还要在消费信贷购车初、复审意见表中填写复审意见,然后将有关资料报送银行。

4)与银行交换意见

这一阶段主要由审查部将经过复审的客户资料提交贷款银行进行初审鉴定。

5)交首付款

这一工作由财务部负责进行,财务部在收取客户的首期购车款后,应出具收据,并为客户办理银行账户和银行信用卡。

6)客户选定车型

客户选定车型后,由服务部根据选定车型填写车辆验收交接单,以备选车和提车时使用。

7)签订购车合同书

客户选定车型后,由审查部准备好购车合同书的标准文本,交客户仔细阅读,确认无异议后,双方签订合同书。

8)公证、办理保险

这部分工作由审查部和保险部共同承担。办理公证和保险需要许多资料,手续繁复,各部门间应相互配合。这一阶段需准备以下六种资料:

(1)办理经济事务公证申请表(用于个人)。

(2)公证处出具接洽笔录。

(3)车辆险投保单。

(4)机动车辆分期付款售车信用险或保证险投保单。

(5)分期付款售车分期付款险或保证保险问讯表。

(6)为保险公司准备的客户文件。

9)终审

审查部将客户文件送交银行进行初审确认,将鉴定合格的有关文件提交主管领导签署意见。

10)办理银行贷款

审查部受银行委托,为客户办理相关个人消费信贷借款手续。

11)车辆上牌

服务部携购车发票、购车人身份证、车辆保险单等有效证件,到车辆管理部门代客户办理车辆上牌手续。

12）向客户交车

服务部代客户办理车辆上牌手续后，应留下购车发票、车辆购置费发票、车辆合格证和行驶证的复印件，然后向客户交车。

13）建立客户档案

经销商应建立完整的客户档案，以便售后服务工作和贷款催讨工作能顺利开展。

三、实训注意事项

实训过程中，要熟悉经销商汽车消费信贷工作内设部门及其职责：

（1）资源部。负责商品车辆的资源组织、提运及保管。

（2）咨询部。负责客户购车咨询服务、资料搜集及车辆销售工作。

（3）审查部。负责上门复审，办理有关购车手续及与银行、保险、公证等部门的协调工作。

（4）售后服务部。负责为客户挑选车辆、上牌及跟踪服务。

（5）档案管理部。负责对档案资料进行登记、分类、整理、保管及提供客户分期付款信息。

（6）财务部。收款、开票，办理银行、税务业务，设计财务流程及车辆销售核算。

（7）保险部。为购车人所购车辆办理各类保险。

四、实训要求

能够理解汽车消费信贷业务操作流程，学生模拟向客户作出解释和说明。

五、实训报告

整理实训内容，完成实训报告。

任务三　汽车消费信贷程序管理

一、实训目的及要求

熟悉汽车消费信贷操作程序中的关键环节。

二、实训内容及方法

消费信贷的操作程序大体上可以分为贷款申请、贷前调查、信用分析、贷款的审批与发放（即贷时审查）、贷后检查、贷款收回、逾期及逾期处理等。这几大程序中，中心环节是贷前调查、贷时审查和贷后检查，也即通常所说的贷款"三查"。把好"三查"关是保证贷款顺利发放、安全收回的关键所在，对保证贷款的经济效益具有重要的意义。汽车消费信贷操作程序中的关键环节如图1-2所示。

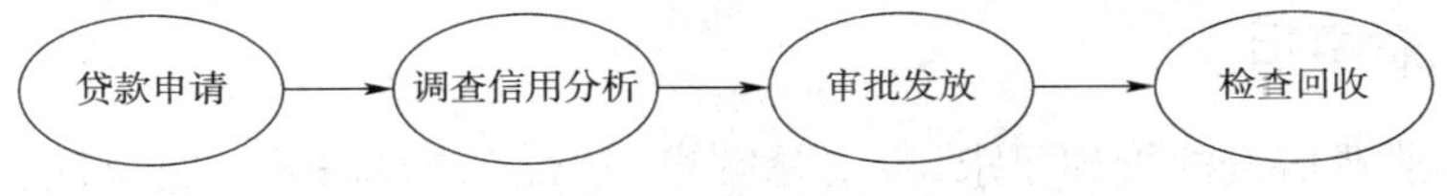

图1-2　汽车消费信贷操作程序中的关键环节

1. 贷款申请

这是借款人与银行发生贷款关系的第一步。一般来说,借款人在提出借款申请时,应详细列述以下内容:

(1)个人汽车消费信贷申请表。

(2)有效身份证复印件和婚姻证明。

(3)目前居住地址证明。

(4)职业及收入证明。

(5)有效联系方式。

(6)在银行存有不低于规定比例的首付款凭证或加盖经销商财务章的首付款收据。

(7)与银行认可的汽车经销商签订的购车合同。

(8)担保贷款证明资料。以房产作抵押担保的,提供《房屋产权证》。

(9)在银行开立的个人结算账户凭证及扣款授权书。

(10)按银行要求提供有关信用状况的其他合法资料。

2. 贷前调查及信用分析

贷前调查和信用分析是对申请作出的反应,通过对申请人的调查和信用分析,判别申请人是否有资格取得贷款。在一般的银行贷款评估中,通常要分析贷款人信用的五个方面,即品质、资本金、能力、环境和担保。

(1)对贷款人品质的调查。在对贷款人品质进行调查时,首先应掌握贷款人的还款意愿。金融机构能获得的唯一量化资料,是贷款人的申请和信用记录。金融机构一般要取得贷款人的身份证,核实其就业情况,审查其贷款申请的准确性。

(2)对贷款人资本金的信用分析。金融机构在对贷款人资本金进行信用分析时,首先要核实判断贷款人在借款申请中所报收入与实际收入水平是否相符,并且还要判断其收入来源的合法性和稳定性。其次,金融机构要计算出贷款人在满足其日常正常开支后,有哪些收入可以作为还款来源,并把这些收入与未来一定时期内贷款的本息偿还作比较。

(3)对贷款人抵押担保物的调查。消费信贷一般要求消费者提供一定数量的抵押担保物,作为其还款的第二来源,即在贷款人的收入不足以偿还贷款时,银行会把抵押担保物作为另一还款来源。因此,银行有必要对贷款的抵押担保物进行详细的调查。

3. 贷款的审批与发放

金融机构对借款者的资信状况已经有了足够的了解之后,就可根据前两个步骤所取得的资料,作出是否给予发放贷款的决定。如果金融机构认为可以放款,就与贷款人签订借款合同,发放贷款。有权签批人负责查阅有关材料,根据审核人的综合评价意见,对符合贷款条件的,在授权权限内签署审批意见,并对签批意见负责。

4. 贷后检查及贷款的收回

在贷款发放以后,金融机构为了保证贷款的及时偿还,通常要对贷款进行贷后跟踪检查。特别是对分期偿还贷款,银行一般要定期检查贷款的执行情况,要求贷款人定期反映其收入变动状况等,以随时掌握、控制可能发生的风险。

三、实训注意事项

金融机构对消费信贷的管理要求,主要是突出"三性",即盈利性、安全性和流动性。因为汽车消费信贷与其他种类的贷款有很大的不同,所以在管理上也有不同的要求。

(1)汽车消费信贷的盈利性。金融机构从汽车消费信贷中所得的收益来自于贷款的利息及其他相关手续费。从国际上看,消费信贷的利率是各种贷款中最高的,而且大部分的消费贷款都按固定利率发放。从实际经验看,消费信贷的利率偏高不会影响客户的需求,这主要是由于消费者对消费贷款的利率敏感度相对较低。总之,各种因素决定了消费信贷的利率得以在高位运行,除利息收入外,金融机构还能从消费信贷中获取大量非利息收入,主要是各种手续费、服务费收入。

(2)汽车消费信贷的安全性。一般来说,在金融机构的各种贷款中,消费信贷的损失最大、风险最大,这主要是因为消费者个人收入的不稳定以及各种欺诈行为的盛行所致。

(3)汽车消费信贷的流动性。消费信贷的期限比较短,一般不会对金融机构带来什么风险。但是由于大多数消费信贷都实行固定利率,在利率波动频繁的时候,金融机构就有可能面临流动性风险。特别是当利率下降时,贷款人通常会提前偿还旧贷款,重新借新款来避免利率下降给他们带来的损失,这时候就会给银行安排贷款的资金来源带来麻烦。

四、实训要求

(1)实地参观汽车4S店,了解企业展示的车型和相关业务操作流程及特色。

(2)与销售业务代表现场接触交流,主动询问全款购车和按揭购车的不同流程,主动询问按揭购车的准入条件,以及准备资料、办理时限、贷款成数和利率等相关问题。

五、实训报告

整理实训内容,完成实训报告。

任务四　汽车消费信贷操作性文件分析

一、实训目的及要求

1. 熟悉汽车消费贷款操作性文件类型。
2. 掌握汽车消费贷款操作文件的填写要求。

二、实训内容与方法

1. 客户登记表

客户登记表的主要作用是对咨询客户进行登记,便于追踪潜在用户。在汽车消费信贷业务宣传后,每天都要接待大量的电话或柜台咨询,把每个电话或咨询客户记录下来是非常有必要的,并且具有非常大的价值。客户登记表见表1-1。

客户登记表　　表1-1

日期	姓名	电话	职业	预购车型	颜色	漆种	贷款期限	接待人	备注

2. 汽车消费贷款价格估算表

汽车消费贷款价格估算表是汽车销售顾问为有购车意向的客户提供的选购车型贷款消费所需费用的各项价格估算,供客户参考比较,见表1-2。

汽车消费贷款价格估算表 表1-2

车型		购置税	
车辆成交价格		上牌费	
首付比例		服务费	
首付款		手续费	
贷款期限		期初一次性付款	
保费		月供	

3. 客户资料明细表

客户资料明细表是客户、共同购车人及担保人应准备的明细资料,见表1-3。

客户资料明细表 表1-3

类　别	项　目	数量或确认	备　注
借款人	身份证		
	户口簿复印件		
	住房证明		
	工资收入证明		
	驾驶证		
共同购车人1	身份证		
	户口簿复印件		
	住房证明		
	工资收入证明		
	关系证明		
共同购车人2	身份证		
	户口簿复印件		
	住房证明		
	工资收入证明		

4. 汽车消费贷款申请表

1)说明

在客户决定购车后,将同时填写购车申请表、资信调查表和申请书。购车申请书一式两联,一联由客户回单位盖章,一联由经销商消费信贷部存留;内容均反映本人真实情况,并由申请人单位盖章认可。

2)用途

该表为购车客户分别向银行、经销商提出申请贷款和购车时所填表格;并分别向银行、经销商、保险公司出具资信调查担保。

消费信贷购车申请表见表1-4。

消费信贷购车申请表　　表1-4

<table>
<tr><td colspan="4">填表人信息</td></tr>
<tr><td colspan="4">□申请人　□共同申请人　□担保人(与借款申请人关系　□配偶　□父母　□子女　□其他)</td></tr>
<tr><td>中文姓名</td><td colspan="2">出生日期　年　月　日</td><td>性别　□男　□女</td></tr>
<tr><td colspan="3">身份证件类型　□居民身份证　□护照　□户口簿　□军官证　□其他</td><td>身份证件号码</td></tr>
<tr><td>户籍所在地</td><td colspan="3">婚姻状况　□未婚　□已婚　□丧偶　□离异</td></tr>
<tr><td colspan="3">最高学历　□硕士及以上　□本科　□大专　□高中或同等职业教育　□高中以下</td><td>是否有驾驶证　□有　□无</td></tr>
<tr><td colspan="2">现住房情况　□自有住房　□按揭住房　□与父母同住　□租房　□其他</td><td>现住房面积____平方米</td><td>现住房居住时间　年　月</td></tr>
<tr><td colspan="3">现住房地址 省(市) 市 区(县)</td><td>邮编</td></tr>
<tr><td colspan="4">个人联系方式　□固定电话　□移动电话　E-mail 地址</td></tr>
<tr><td>职业</td><td colspan="3">□政府官员、公务员　□专业人员　□企业高中级主管　□军官　□企业负责人、股东　□企业基层主管、半专业人员　□警察、消防员　□操作人员　□现役军人　□技能工作、文艺工作者　□个体商店老板　□一般工人　□业务人员　□售货人员　□无技术工人　□保安、司机、服务、外送人员　□农林牧渔　□清洁人员　□摊贩　□实习生　□退休　□家庭主妇　□学生　□失业</td></tr>
<tr><td>所处行业类别</td><td colspan="3">□金融　□国际组织、行政机关及事业单位　□电力、电信、通信、能源　□燃气、水的生产、供应　□信息传输、计算机服务和软件业　□房地产　□房地产中介　□卫生、社会保障和社会福利　□科学研究、技术服务　□文化、体育、娱乐　□教育　□公共管理和社会组织　□咨询服务　□交通运输、仓储、邮政　□烟草制造、医药制造、金属制造、交通运输设备制造、通信设备及计算机制造　□其他制造业　□水利、环境和公共设施管理　□烟草制品批发、医药及医疗器材批发、超级市场零售　□其他批发零售　□军人　□住宿和餐饮业　□地质勘察业　□公共管理和社会组织　□采矿业　□建筑业　□租赁和商业服务业　□居民服务和其他服务业　□农林牧渔业　□各行业非正式编制员工</td></tr>
<tr><td colspan="3">现单位名称</td><td>现单位工龄　年　月</td></tr>
<tr><td colspan="2">所在部门</td><td>办公电话</td><td>单位人事部门电话</td></tr>
<tr><td colspan="3">现单位地址 省(市) 市 区(县)</td><td>邮编</td></tr>
<tr><td colspan="3">原单位名称(现工作单位工龄少于12个月填写)</td><td>原单位工龄　年　月</td></tr>
<tr><td colspan="3">原单位地址 省(市) 市 区(县)</td><td>原单位电话</td></tr>
<tr><td>月均收入　元</td><td>供养人数　人</td><td colspan="2">通信地址 请将有关信息寄往本人的 □现住房地址 □现单位地址</td></tr>
<tr><td colspan="3">家庭负债　□住房贷款　元　□其他贷款名称　其他贷款金额　元</td><td>月固定支出总额　元</td></tr>
<tr><td>配偶姓名</td><td>身份证件类型</td><td>身份证件号码</td><td>电话号码</td></tr>
<tr><td colspan="4">车辆及贷款信息</td></tr>
<tr><td colspan="2">购车用途　□家用　□其他</td><td>购车品牌</td><td>购车型号</td></tr>
<tr><td colspan="2">车辆价格　元</td><td>变速箱　□自动挡　□手动挡</td><td>发动机排量　L</td></tr>
<tr><td>贷款产品编码</td><td>申请贷款金额　元</td><td>贷款期限　月</td><td>贷款利率　%(年)</td></tr>
<tr><td colspan="2">首付款比例　%或首付款金额　元</td><td>还款周期　□月　□季　□其他</td><td>每期还款日　日(固定日、对日)</td></tr>
<tr><td colspan="4">还款方式　□等额本息还款　□等额本金还款　□弹性还款(□等额本息　尾款比例　%)　□其他还款方式____________</td></tr>
</table>

续上表

<table>
<tr><td colspan="4">借款申请人及配偶、共同申请人、担保人之声明</td></tr>
<tr><td colspan="4">1. 以上申请表内所提供的资料及其所附资料全部属实，本人承担因填写不实所引致的一切法律责任。2. 借款申请人及其配偶知悉并承认以此申请表作为借款申请人向中信银行（以下简称“银行”）申请汽车贷款的依据，且本申请表及所附资料复印件可留存银行，无须退还。3. 担保人及其配偶知悉并承认以此申请表作为同意为本贷款提供担保的依据，且本申请表及所附资料复印件可留存银行，无须退还。4. 本人授权银行向有关方面咨询并保存本人各项详情，并授权银行在授权之日起到该笔贷款结清日止向中国人民银行个人信用信息基础数据库查询本人信用报告并报送本人信用信息。5. 本借款申请仅用于银行采集本人资信信息，用于信用分析，不作其他用途。6. 经银行审查，因不符合规定的借款条件而未予受理时，本人无异议。7. 借款申请人保证在取得银行贷款后，按时足额偿还贷款本息。8. 借款申请人同意银行给予本贷款的任何担保人（保证人）有关本贷款的协议书. 催收函的副本，及应保证人要求给予本贷款的结单。9. 本人同意接收有关贷款的短信</td></tr>
<tr><td colspan="2">借款人（及其配偶）签名</td><td colspan="2">签字日期</td></tr>
<tr><td colspan="2">共同申请人/担保人签名</td><td colspan="2">签字日期</td></tr>
<tr><td colspan="4">经销商填写栏</td></tr>
<tr><td colspan="4">本表是根据我司与×××银行签订之合作协议填写的。我司同意该客户向×××银行申请个人汽车贷款</td></tr>
<tr><td colspan="2">经销商名称</td><td>经销商代码</td><td>经销商电话</td></tr>
<tr><td>见证人代码</td><td>见证人签字</td><td>签字日期</td><td>见证人电话</td></tr>
</table>

5. 消费信贷购车初、复审意见表

1）说明

消费信贷购车初、复审意见表是对已决定购车的用户，在初审、复审时填写意见用；如果将资信调查表所调查的内容比作购车人应具备的“硬件”，那么，初、复审意见表反映的就是购车人的“软件”。软硬件结合基本体现了购车人的全貌即资信程度。

消费信贷购车初、复审意见表与资信调查相结合，用于审查服务。

2）填写注意事项

该表由多位审查人员在与购车人的几次接触中边交流边观察后产生有关意见，共同填写。多位审查人员是指经办人、复审人、主复审和终审人。消费信贷购车初、复审意见表见表1-5。

6. 消费信贷购车资格审核调查表（表1-6）

1）说明

此表用于对客户调查，填写该客户与其共同购车人及担保人的情况，并附意见。汽车消费信贷业务中，对消费者（购车人）的资格审核是主办者的业务难点和重点，更是消费者的困扰点。怎样逾越这一鸿沟，主办者从消费者的实际出发，逐步形成了一套全新汽车消费贷款服务模式。目前，由银行、企业、保险公司联合推出的汽车消费买方信贷，其资信审核将由三方共同审核，其中以经销商上门初审为主，银行、保险公司依各自需要留备材料。此表设计基础为贷款购车人所具备的条件和应提供的资料。形式为一式三联，第一联银行，第二联保险公司，第三联经销商，以及统一的编号、制单日期和服务日期，购车人（被审核人）签字，主管领导和主审领导批复。内容包括：购车人真实身份，家庭和职业稳定性；资金收入和支配，居住和联系方式稳定性；购车用途；共同购车人和保证人的身份；共同承担风险的可能性。

该表用于审查服务。审查人员应熟悉表中各项目，由各当事人填写，填写表格前应以口头对话形式进行初审和熟悉内容，事后再次核对。

消费信贷购车初、复审意见表 表 1-5

<table>
<tr><td>姓名</td><td></td><td>性别</td><td></td><td>联系电话</td><td></td></tr>
<tr><td>初步印象</td><td colspan="5">购车欲望:□强烈 □一般
穿着打扮:□有品位 □整齐 □一般 □不协调 □差
言谈举止:□文雅、大方、得体 □一般 □粗俗
面相:□温和 □凶相</td></tr>
<tr><td>咨询内容</td><td colspan="5">有关车的知识:□丰富 □一般 □差
购车用途:□上班、生产 □出租 □其他
对分期付款的理解:□很好 □好 □一般 □差
驾龄:□十年以上 □十年以下五年以上 □五年以下 □不足一年
曾驾驶过的车型:
采用何种担保方式:□质押 □抵押 □保证人</td></tr>
<tr><td>初审意见</td><td colspan="3">经办人:</td><td>部门经理</td><td>签字:</td></tr>
<tr><td>复审意见</td><td colspan="3">经办人:</td><td>部门经理</td><td>签字:</td></tr>
<tr><td>终审意见</td><td colspan="3">经办人:</td><td>部门经理</td><td>签字:</td></tr>
<tr><td>复审情况</td><td colspan="5">说明:</td></tr>
<tr><td>复审咨询内容</td><td colspan="5"></td></tr>
<tr><td>备注</td><td colspan="5"></td></tr>
</table>

2)填写注意事项

(1)贷款购车人、共同购车人、保证人情况三项内容均由本人填写。

(2)购车人签字处严格执行本人签名或签章,并要求在签字前认真核对各项填写内容。

(3)审批意见一栏,由审查组负责人或审查经办人填写具体意见。

(4)领导签字一栏,由终审领导(一般为主要负责消费信贷业务的总经理)签署批准,方可生效。

消费信贷购车资格审核调查表

表 1-6

姓名		性别		年龄		学历		照片
身份证号				健康状况				
户口所在地				邮编				
现居住地址				电话				
所在地居委会			住房状况					
所在地派出所			有无劳动保险			持何种信用卡		
家庭人口		有收入人口		本月收入		家庭收入		
工作单位						单位电话		
单位地址						职务/职称		
手机号码						购车用途		

工作简历(最后三次工作变化)

单位	工作时间	职务	备注

共同购车人

姓名		年龄		身份证号码	
工作单位				单位电话	
单位地址				职务/职称	
手机号码		固定电话		本月收入	

保证人情况

姓名		性别		身份证号码		
户口所在地		邮编		电话		
现居住地址		所在地派出所				
手机号码		固定电话		本月收入		
工作单位		职务/职称		单位电话		

本人在此郑重声明,表内所填内容完全属实,并愿对其承担一切责任。 购车人: 年　　月　　日	审批意见		领导签字	

7. 购车相关合同样本

1) 个人消费贷款借款合同

个人消费贷款借款合同

编号：

借款人：

身份证号码：

户籍地址：

现住地址：

贷款人：

地址：

借款人在本市________________________（售货单位）购买________________________，向贷款人申请借款。根据《银行个人消费贷款试行办法》，贷款人经审核同意向借款人提供本合同项下贷款，经双方协商一致，签订本合同，以资共同遵照执行。

贷款金额及支付

一、贷款金额人民币（大写）____元整。

二、贷款支付的先决条件：借款人办妥贷款担保手续。

三、借款人在此委托贷款人，在办妥全部贷款手续之日起的5个营业日内将上述贷款金额全数以借款人购买耐用消费品名义划入商品销售单位在银行开立的账户。

借款用途

四、借款专项用于《个人消费贷款申请书》（编号为____________________）所载购买公司所售耐用消费品。

贷款期限

五、本合同项下贷款期限________年________月，自________年________月________日起至________年________月________日止。遇合同借款日期与借款凭证记载日期不一致的，以借款凭证载明的日期为准。

贷款利率

六、本合同贷款月利率现为________‰。本合同约定利率执行期为一年，期满后贷款人根据本合同约定的贷款期限和当时的利率水平确定下一年的利率。

贷款偿还

七、本合同项下的贷款本息，采取等额还款方式，分期按月归还，借款人授权贷款人在贷款发生的次月起每月二十日从借款人在贷款银行开立的活期储蓄存款账户扣收或由借款人在贷款发生的次月起每月二十日前银行本贷款发放行还款，直至所有贷款本息、费用清偿为止。

八、现每月还款本息额人民币（大写）________万________仟________佰________拾________元________角________分。本合同约定每月还款本息额执行期为一年，期满后根据贷款剩余本金、贷款剩余期限和当时的利率水平确定下一年的每月还款本息额。

提前还款

九、借款人可以提前还款：

（一）借款人提前归还未到期贷款本金的，应至少提前三个银行工作日书面通知贷款人，该书面通知送达贷款人处即为不可撤销。贷款人在该月×日至该月最后一个工作日内办理提前还款手续。

(二)借款人经贷款人同意可一次性提前归还全部积欠本金,利随本清。贷款人不计收提前期的利息,也不退还或减免按原合同利率已收取的贷款利息。

十、有下列情况之一项或几项发生时,贷款人有权要求借款人提前归还全部贷款本息,借款人无条件放弃抗辩权:

(一)借款人违反本合同之任何责任条款。

(二)借款人发生因不能履行本合同义务之疾病、事故、死亡等和担保人发生因不能履行本合同义务之合并、重组、解散、破产等影响借款人、担保人完全民事行为能力与责任能力之情况。

(三)借款人或担保人涉入诉讼、监管等由国家行政或司法机关宣布的对其财产的没收及其处分权的限制,或存在该种情况发生的可能的威胁。

(四)借款人与耐用消费品销售单位发生退回全部商品之情况。

合同公证

十一、贷款人和借款人在本合同签订后,贷款人认为必要时,在贷款人指定的公证机关办理具有强制执行效力的借款合同公证,如借款人不履行还款义务,且累计三个月未能按期如数还款的,贷款人有权向有管辖权的人民法院申请强制执行,借款人自愿接受执行,于此情况下不再适用本合同第九章规定。

十二、同时办理个人住房贷款和本贷款的公证费用由贷款人负担。

十三、单独办理本贷款的公证费用由借款人负担。

违约责任

十四、借款人未按期偿还贷款本息的,贷款人对其欠款加收每日万之________的逾期罚息。

十五、借款人连续三个月未偿还贷款本息和相关费用,并且担保人未代借款人履行偿还欠款义务的,贷款人有权终止借款合同,并向借款人、担保人追偿或依法处分抵押(质)物。

十六、借款人申请贷款时提供的资料不实或未经贷款人书面同意,擅自将抵押(质)物出售、出租、出售出借、转让、交换、赠予、再抵押或以其他方式处置抵押(质)物的,均属违约,贷款人有权提前收回贷款本息或处置抵押(质)物,并有权向借款人或担保人追索由此造成的损失和发生的相关费用。

十七、与耐用消费品销售单位因质量原因发生纠纷时,不得以此为理由不归还贷款本息。

合同纠纷的处理

十八、本合同履行期间如有争议,双方先协商解决。协商不成的,应向贷款人所在地的人民法院提起诉讼。

附则

十九、本合同及其附件的任何修改、补充均须经双方协商一致并订立书面的协议方为有效。

二十、本合同经贷款人法定代表人或其授权代表签名并加盖公章,借款人签名并加盖私章后与贷款担保合同一并生效,至借款人将本合同项下全部应付款项清偿时终止。

二十一、下列附件均为本合同的组成部分,对合同双方均有法律约束力:

(一)个人消费贷款申请书;

(二)借、还款凭证;

(三)《个人消费贷款抵押合同》、《个人消费贷款质押合同》、《个人消费贷款保证合同》;

(四)抵(质)押财产清单。

二十二、本合同正本一式五份,合同双方及抵(质)押登记机关、担保人、公证机关各执一份,副本按需确定。

借款人:

(私章)

贷款人:

(签名) 年 月 日

签订于 市 区

(说明)此合同是经销商为购车人提供贷款保证,与银行签订的合同。

(填写注意事项)合同每项内容均需当事人签署。

2)个人消费贷款保证合同

个人消费贷款保证合同

编号:

贷款人:××银行

地址:

保证人:

注册(户籍)地址:

营业(现住)地址:

基本存款账户行:账号:

一般存款账户开户行:账号:

鉴于贷款人向________________提供________________贷款,保证人承诺为借款人提供不可撤销的连带责任保证。经双方协调一致,签订本合同,以资共同遵照执行。

第一章 保证范围

一、本合同保证人的保证范围系指:

编号为__________________________________的《个人汽车消费借款合同》、编号为____________________的《个人消费贷款借款合同》项下的全部债务,包括但不限于贷款本息、罚息、赔偿金和全权人为实现全权所发生的相关费用。

二、保证期限:自贷款发放之日起,至____________________。如借款人在此期因____________________原因造成违约拖欠贷款本息、罚息、赔偿金和相关费用,保证人须负责代为偿还。

三、在本合同有效期间内,贷款人依法将债权全部或部分转让的第二人的,保证人在本合同规定的保证范围内继续承担保证责任。

四、保证人承担保证责任后,有权向借款人追偿。

第二章 保证人陈述

五、保证人向贷款人陈述并保证:

(一)保证人是依法登记注册的企业法人,并通过工商行政管理部门规定的签约时仍有效的年检手续,或是有完全民事行为能力的自然人,具有签订和履行本合同的资格和能力。

（二）贷款人如要求保证人提供财务报表的，保证人提供的财务报表是根据我国会计准则编制的，该报表所附其他资料是真实完整的，自借款人提出借款申请以来，财务资信状况未发生重大不利变化。

（三）保证人签订和履行本合同，与其签订和履行其他任何合同均无抵触。

（四）保证人没有隐瞒共所涉及的诉讼、仲裁、索赔事件和其会危及贷款人权益的事件。

六、在保证期限内，如借款人连续三个月未能偿还贷款本息，保证人在接到贷款人发出《履行还款保证责任通知书》的一个月内，代借款人偿还欠款。

七、接受并配合贷款人对其保证资格、权限、资信状况和代偿能力的核查。

八、发生或可以预见发生下列情形之一的。保证人除主动采取补救措施外，还应及时通知款人。

（一）危及保证人的保证资格、权限、能力的事件。

（二）借款人危及贷款人权益的事件。

第三章　合同纠纷的处理

九、本合同履行期间如有争议，双方协商解决。协商不成的任何一方均有权向贷款人所在地人民法院起诉。

第四章　附则

十、《个人汽车消费借款合同》、《个人消费贷款借款合同》为主合同，本合同为人合同，如主合同无效，不影响本合同的效力。

十一、本合同及其附件的任何修改、补充均须经双方协商一致并订立书面协议方可有效。

十二、本合同的公证事宜由双方另行协商。

十三、本合同自双方法定代表人或其授权代表签名并加盖公章后生效，至借款人或保证人履行完其借款合同项下全部义务之日终止。

十四、本合同正本一式三份，合同双方及借款人各执一份，副本按需确定。

贷款人：保证人：

（公章）（盖章）

法定代表人：法定代表人：

或　　　　　　　　　　或

授权代表：授权代表：

（签名）　　　　　　　　年　　月　　日

签订于　　市　　区

3）购车合同书暨同意书、担保书

1. 说明

本合同包含三个文件。

（1）《购车合同》是购车人与经销商签订的正式购销合同。本合同一式五份，购车人、经销商（供车方）、贷款银行、保险公司、公证处各执一份。具有法律效力。

（2）同意书、《购车合同书》附件，是由共同购车人签署的具有法律效力的同意文书。

（3）《担保书》、《购车合同书》附件，是由担保人签署的具有法律效力的文书，此文件需公证处公证。

2. 用途

购车人向经销商、贷款银行、保险公司、公证处分别提交购车合同。

3. 填写注意事项

购车合同书由购车人本人签署;同意书由共同购车人本人签署。担保书由担保人本人签署,担保人情况一表如实填写。

购车合同
(代担保合同)

签约地点:____________ 签约时间:____________ 合同编号:____________

供车方(以下简称甲方):×企业

购车方(以下简称乙方):

甲方双方本着自愿的原则,经协商同意签订本协议,以资双方共同遵守执行。

第一条 甲方根据乙方的要求,同意将____________________汽车壹辆;发动机号________;车架号________,计价人民币________拾________万________千________百________拾________元(¥________),销售给乙方。

第二条 因资金短缺原因,乙方需向银行申请汽车消费信贷专项资金贷款,并请求甲方为其贷款的担保人。

第三条 乙方在签订此合同时,首先在银行开立个人存款账户、申办信用卡,并安不低于所购车辆总价的________%的款项,计入民币________万元存入该账户。剩余款项________元向银行申请贷款,并按期向该银行归还贷款本息。

第四条 作为乙方贷款担保人,甲方接受银行委托,对乙方进行贷款购车的资信审查,乙方必须按甲方要求提供详实证明资料配合甲方工作,并在贷款未偿清之前,必须在甲方指定的保险公司办妥所购车辆信用或保证保险以及贷款银行为第一受益人的车辆损失险、第三者责任险、车辆盗抢险、不计免赔险及其相关的附加险。在此前提下,乙方按甲方指定场所对所购车辆进行交接验收,并签署《车辆验收交接单》。

第五条 乙方在未付清车款及相关款项前,同意将所购车辆作为欠款的抵押担保物,此抵押物在乙方发生意外且无力偿还时,按最长不超过三折旧比例作价给甲方。并将购车发票、合各证及车辆购置附加费凭证交甲方保存,期间不得将所购车辆转让、变卖、出租、重复抵押或做出其他损害甲方权益的行为。

第六条 在乙方提供停车泊位证明及其他入户所需证明条件下,甲方可协助乙方办理车辆的牌、证、保险手续,实际费用由乙方承担。

第七条 在三保期限内,乙方所购车辆如出现质量问题,自行到厂家特约维修服务中心进行交涉处理。此期间,乙方不得以此为借口停止或拖延支付每期应向银行偿还的人款。

第八条 如乙方发生下列情况,按本合同第九条规定处理:

(1)乙方逾期还款,乙方经甲方二次书面催讨,在第二次催讨期限截止日仍不还款的(逾期5天后,即发出书面催讨,二次催讨间隔为7天,第二次催讨期限截止日为文书发出日第7天);

(2)乙方借口车辆质量问题,拒不按期偿还欠款;

(3)发生乙方财产被申请执行,诉讼保全,被申请破产或其他方面原因致使乙方不能按期还款的。贷款未偿清之前,不在指定的保险公司办理本合同第四条所指各类车辆保险;

(4)其他情况乙方不能按期向银行还款;

(5)乙方违反本合同第五条的规定,未经甲方同意,擅自将车辆转让、变卖、抵押。

第九条　乙方承诺,不论任何原因发生第八条的事由之一时:

(1)甲方有权要求乙方立即偿还全部贷款及利息,并承担赔偿责任;甲方有权持合同就乙方未偿还的全部欠款,向有管辖权限的人民法院申请强制执行。乙方自愿接受人民法院的强制执行。

(2)甲方有权按合同规定行使抵押权拍卖变卖乙方所购车辆,拍卖所得价款偿还全部债款和其他欠款。如果出售所得的价值(扣除必要费用外)不足偿还全部欠款和费用总和的,甲方有权向乙方继续追偿,如果出售所得超过欠款和费用总和的,甲方应将超过部分的钱款返还给乙方。

(3)甲方有权要求乙方除支付逾期款额的利息外,并按逾期总额的5‰/日计付滞纳金。

第十条　在分期还款过程中,乙方所购车辆发生机动车辆保险责任范围内的灾害事故,致使车辆报废、灭失,保险公司赔款应保证首先偿还尚欠银行的贷款及利息部分。

第十一条　除车款外,乙方尚须向甲方交纳担保费,金额以借款额为基数,随贷款年限一次性交付(一年1%;二年2%;三年3%)。乙方如提前还清车款,从还清日起,甲方自动终止担保人义务。

第十二条　乙方配偶或直系亲属,作为共同购车人,须就此合同内容签署"同意书",作为本合同附件。

第十三条　乙方担保人自愿为乙方分期付款购置汽车担保,须就此合同的内容签署"担保书",作为本合同附件。

第十四条　本合同按合同条款履行完毕时,合同即自行终止。

第十五条　本合同需经公证处公证后生效。

第十六条　本合同一式五份,甲、乙双方及贷款银行、保险公司、公证处各执一份。

附件1:同意书

附件2:担保书

附件1:

同　意　书

致:×企业

鉴于________(购车人)与贵单位于________年________月________日签订的《购车合同》购买壹辆________型号汽车一事,本人作为________(购车人)的配偶(直系亲属),对夫妻关系存续期间财产享有共同所有权,对债务亦共同承担义务。为此,特向贵单位确认如下:

一、本人同意________(购车人)将所购汽车抵押给贵单位,作为贷款购车所欠款的抵押担保物。

二、本人愿同购车人共同参与对银行欠款的偿还,直到对银行的欠款本息全中偿还完毕。

三、(若共同购车人与购车人系夫妻关系)倘若购车人与本人解除夫妻关系,除非法院离婚判决书或调解书或经民政部门办理的离婚协议书中专门注明该车辆所有权和债务的归属为购车人,否则不解除本人还款义务。

四、本人已详细阅读过了《购车合同》,充分理解合同经过公证后上有强制执行效力。我同意放弃起诉权和抗辩权。

五、本同意书一经本人签字或盖章后即对本人具有法律约束力。

同意人(即购车人配偶)________________________________(签字盖章)

身份证号：____

签署时间：________年________月________日

附件2：

担　保　书

供车方：×企业　　购车方：

法定代表人：　　法定代表人：

____________________自愿作为汽车消费贷款购车人____________________的担保人，承认并遵守以下条款：

一、当购车人未按期偿付欠款时，承担连带担保责任。

二、对由于购车人未按期偿付欠款而引起的一切相关损失及经济赔偿责任，承担连带担保责任。

三、在购车人所签署《购车合同》终止前，不得自行退出担保人地位，或解除担保条款。

四、本人已详细阅读过了《购车合同》，充分理解合同经公证后具有强制执行效力。我同意放弃起诉权和抗辩权。

五、本担保书一经本人签字盖章后即对本人具有法律约束力。

担保人情况

姓名		性别		身份证号	
户口所在地				家庭住址	
通信地址				邮政编码	
联系电话				呼机/手机	
工作单位				职务	

本人承诺上述情况均为事实。

担保人：________________（签字盖章）

签署时间：______年____月____日

三、实训注意事项及要求

实训中，从4S店和银行等机构搜索到汽车消费贷款操作性文件，由学生对各类文件进行分析，强调在实际中的运用情况，掌握各类文件的填写要求和注意事项。

情境二　汽车保险理赔

能力目标

1. 具有汽车保险业务流程操作的能力。
2. 具有汽车理赔业务流程操作的能力。
3. 熟悉保险法规。

知识目标

1. 了解汽车保险和理赔的基本概念。
2. 理解汽车保险的险种。
3. 理解汽车保险和理赔的流程。

任务一　知 识 准 备

一、汽车保险的基本概念

1. 风险

风险是人类活动中固有的不确定性。风险既能带来机会又能构成威胁。机会引诱人们从事各种活动,而风险蕴含的威胁,则唤醒人们警觉,设法回避、减轻、转移或分散。确定的事物,不管多么复杂或困难,都不能算风险。例如,经过实践检验的自然规律、经济规律、社会规律等。不能将无知视为风险。

2. 风险的因素

风险的因素可分为有形的风险因素和无形的风险因素。有形的风险因素包括电脑、电脑桌、座椅、电风扇、室内灯及电脑配件人为的破坏及电脑被盗等。无形的风险因素包括网络病毒的入侵、电线老化引起的火灾等。

3. 保险在风险中的作用

保险作为一种社会经济制度,是一种社会化的安排。面临风险的人即被保险人通过保险公司组织起来,保险公司将风险损失资料进行集中分析管理,用统计方法来预测风险带来的损失,并用所有风险转移者缴纳的保险费建立起保险基金,来集中承担被保险人因风险事故发生造成的经济损失。这样,通过保险制度,被保险人个人的风险得以转移和分散。保险的作用无可替代 。

1)车辆使用的风险

(1)物质损失风险。包括车身损失风险、盗抢风险、自燃风险、玻璃破碎风险、车上货物损失风险等。详见表2-1。

物质损失风险 表2-1

序　　号	可保风险	不可保风险
1	车身损失风险	维护检修风险
2	玻璃破碎风险	保险事故处理不当风险
3	第三者责任风险	附加险免赔额(率)风险
4	车上人员责任风险	人员因素风险
5	自燃风险	保险金额选择风险
6	盗抢风险	未尽被保险人义务风险
7	车上货物损失风险	非全车盗窃案抢风险
8	无过失责任风险	
9	主险免赔额(率)风险	

(2)责任风险。包括第三者责任风险、车上人员责任风险等。

(3)利益损失风险。包括停驶损失风险、可期待利益损失风险。

(4)管理风险。驾驶员管理风险、安全管理风险、维护检修风险。

(5)其他风险。

2)车辆的可保风险

可保风险的几个条件如下。

(1)风险具有偶然性。

(2)意外性。

(3)大量、同质且可测(符合大数法则)。

(4)纯粹性(不投机)。

(5)损失有重大性和分散性。

二、汽车保险

1.保险的含义

1)经济角度

保险是分摊灾害事故的一种方法。保险把具有同样危险威胁的人和单位组织起来,根据保险费率收取保险费,建立保险基金,以补偿财产损失或对人身事件给付保险金,因此保险对现实生活中面临的危险给予了经济保障。

2)法律角度

保险是通过合同的形式,运用商业化的经营手段,由保险经营者向投保人收取保险费,建立保险基金,当发生保险责任范围内的事故时或保险条件实现时,保险人对财产的损失进行补偿、对人身伤亡或年老丧失劳动能力时给付的一种经济保障制度。

2.保险的构成要素

保险的构成要素主要包括三方面,即前提要素、基础要素、功能要素。

(1)保险的前提要素是危险的存在。

(2)保险的基础要素是众人协力,即多数人参与。

(3)保险的功能要素是损失补偿。

3.保险的职能与作用

1)保险的职能

(1)分散风险、均摊损失。保险使少数人的经济损失,由所有的要保人平均分摊,从而使个人难以承受的损失变成了多数人可以承担的损失。保险只有均摊损失的功能,而没有减少损失的功能。

(2)组织经济补偿、组织保险金给付。补偿损失、进行保险金给付是保险的出发点,进行保险基金积聚的根本目的是用于补偿和给付。

2)保险的作用

(1)保险在微观经济中的作用如下。

促进企业及时恢复生产,促进企业加强经济核算,促进企业加强风险管理,有利于安定人民生活。

(2)保险在宏观经济中的作用。为国家建设积聚资金推动科学技术向现实生产力转化保证了国家的财政平衡和信贷平衡,增加外汇收入,增强国际支付能力。

4.车辆保险产品结构——基本险(以2007版机动车商业保险行业基本条款A款为例)

1)主险

(1)车辆损失险。保险车辆遭受保险责任范围内的自然灾害或意外事故,造成保险车辆本身损失,保险人依照保险合同的规定给予赔偿。

(2)第三者责任险。被保险车辆在使用过程中,因意外事故,致使他人遭受人身伤亡或财产的直接损失,保险人依照保险合同的规定给予赔偿。

(3)车上人员责任险。发生意外事故,造成保险车辆上的人员人身伤亡,依法应由被保险人承担的经济赔偿责任,保险人负责赔偿。

(4)机动车盗抢险。保险车辆被盗窃、抢劫、抢夺所造成的损失,保险人负责赔偿。

2)附加险

(1)车损险的附加险。

①全车盗抢险。

②玻璃单独破碎险。

③车身划痕损失险。

④可选免赔额特约条款。

⑤不计免赔率特约条款。

⑥代步车费用险。

⑦车辆停驶损失险。

⑧新增加设备损失险。

(2)第三者责任险的附加险。

①车上人员责任险。

②不计免赔率特约条款。

③车载货物掉落责任险。

④车上货物责任险。

5.车险的种类

1)商业车险

特点:商业机构自行设计,保监会审批。车辆所有人自己选择。丰富的车险产品市场,满足个性化消费需求。

内容:2007版机动车商业保险行业基本条款A、B、C,以及保险公司自行设计条款。

2)法定车险

特点:保监会组织设计、经营管理、商业保险机构代销。强制车辆所有人购买。管理车辆风险,保证社会安定团结。

内容:机动车交通事故责任强制保险,简称交强险。是指当被保险机动车发生道路交通事故对本车人员和被保险人以外的受害人造成人身伤亡和财产损失时,由保险公司在责任限额内予以赔偿的一种具有强制性质的责任保险。交强险从2006年7月1日起正式实施,是我国首个由国家法律规定实行的强制保险制度。

6.车辆保险合同

保险合同是合同的一种形式,一方面它应遵循一般合同的平等、自愿、公平、诚实信用、公共利益、协商性等原则;另一方面它又是一种特殊的民事合同。与一般的民商事合同相比,保险合同的特点主要表现在以下几个方面。

(1)保险合同是一种射幸合同,或者说是一种机会合同。

这种合同的效果在订立合同时是不确定的。这是因为保险事故的发生具有偶然性,在保险合同中,投保人是以缴付保险费为代价,得到一个将来获得补偿的机会,而保险人则以对将来可能发生的损失给予补偿为条件,换取一种无偿收取保险费的可能。付出代价的当事人最终可能是一本万利,也可能是一无所获。当然,保险合同为射幸合同,是就单个具体的保险合同来说的,如果从总体上看,保险费与赔偿金额的关系是依据概率计算出来的,保险人所负的赔偿责任与被保险人所获得的赔偿和给付保险金的权利,都是肯定的。

(2)保险合同是附合合同。

这种合同在订立时,由一方提出合同的内容,而另一方只能作出同意或不同意的选择。保险合同的格式和主要条款是由保险人或保险人的团体或政府主管部门决定的。在此基础上,每一个保险人还可以再根据自身承保能力确定承保的条件,规定双方具体的权利义务,也就是规定每一条款的具体内容。投保人只需作同意与否的决定,也就是要么接受保险人提出的条件,要么不签订合同。保险合同这一特征的形成是随着保险业务的迅速发展,要求订立保险合同的手续尽量简化,方便保险人和投保人;同时又要求加强对保险合同的管理,保护投保人、被保险人的利益。

(3)保险合同是最大诚信合同。

订立保险合同,保险人是否予以承保以及保险费率的确定,在很大程度上取决于投保人向保险人提供的情况,这些情况主要包括投保人对保险标的是否具有保险利益,保险标的的危险状况等。保险人往往是在投保人提供的有关情况及资料的基础上,再进行必要的实地调查,然后才决定是否承保,并进一步确定保险费率。所以,保险合同所具有的诚信程度应当比一般合同要求得更高,是最大诚信合同。双方当事人在订立保险合同时都必须讲究诚实信用,不允许有欺诈、蒙骗行为。

三、汽车理赔

1.汽车理赔的定义

汽车保险理赔是指汽车发生保险责任范围内的损失后,保险人依据保险合同的约定解决保险赔偿问题的过程。

2.汽车理赔时的基本常识

(1)报案方式:电话报案、网上报案、到保险公司报案以及理赔员转达报案。

(2)保险事故发生后,应在24小时之内通知交警或者刑警队,在48小时内通知保险公司。

(3)理赔周期。被保险人自保险车辆修复或事故处理结案之日起,3个月内不向保险公司提出理赔申请,或自保险公司通知被保险人领取保险赔款之日起1年内不领取应得的赔款,即视为自动放弃权益。车辆发生撞墙、台阶、水泥柱及树木等不涉及向他人赔偿的事故时,可以不向交警等部门报案,及时直接向保险公司报案即可。在事故现场附近等候保险公司来人查勘,或将车开到保险公司报案、验车。

任务二　汽车保险业务流程

一、实训目的及要求

掌握汽车保险业务流程。

熟悉相关保险法规。

二、实训内容及方法

保险公司承保业务的流程大体相近,大致经历保户投保,包括保户填写投保单,交纳保费;保险公司承保、签订保险合同,包括核保、出具保单,出具保费收据;保险标的发生损失,保户向保险公司提出索赔;保险公司查勘;属于保险责任,保险公司支付赔偿、不属于保险责任,保险公司拒绝赔偿;续保等环节。本节重点介绍汽车保险业务的投保、承保等基本业务环节。

1. 保险投保

由于各家保险公司推出的汽车保险条款种类繁多,价格不同,因此投保人在购买汽车保险时应注意如下事项。

1)投保人投保过程中应注意的问题

(1)合理选择保险公司

投保人应选择具有合法资格的保险公司营业机构购买汽车保险。汽车保险的售后服务与产品本身一样重要,投保人在选择保险公司时,要了解各公司提供服务的内容及信誉度,以充分保障自己的利益。

(2)合理选择代理人

投保人也可以通过代理人购买汽车保险。选择代理人时,应选择具有执业资格证书、展业证及与保险公司签有正式代理合同的代理人;应当了解汽车保险条款中涉及赔偿责任和权利义务的部分,防止个别代理人片面夸大产品保障功能,回避责任免除条款内容。

(3)了解汽车保险内容

投保人应当询问所购买的汽车保险条款是否经过保监会批准,认真了解条款内容,重点条款的保险责任、除外责任和特别约定,被保险人权利和义务,免赔额或免赔率的计算,申请赔偿的手续、退保和折旧等规定。此外还应当注意汽车保险的费率是否与保监会批准的费率一致,了解保险公司的费率优惠规定和无赔款优待的规定。通常保险责任比较全面的产品,保险费比较高;保险责任少的产品,保险费较低。

(4)根据实际需要购买

投保人选择汽车保险时,应了解自身的风险和特征,根据实际情况选择个人所需的风险保障。对于汽车保险市场现有产品应进行充分了解,以便购买适合自身需要的汽车保险。

2）保险公司或代理人应提供合理的保险方案

在开展汽车保险业务的过程中，保险公司或代理人应从加大产品的内涵、提高保险公司的服务水平入手，在开展业务的过程中为投保人或被保险人提供完善的保险方案。

（1）保险方案制定的基本原则

①充分保障的原则。是指保险方案的制定应建立在对于投保人的风险进行充分和专业评估的基础上，根据对于风险的了解和认识制定相应的保险保障方案，目的是通过保险的途径最大限度地分散投保人的风险。

②公平合理的原则。是指保险人或代理人在制定保险方案的过程中应贯彻公平合理的精神。所谓合理性就是要确保提供的保障是适用和必要的，防止提供不必要的保障。所谓公平主要应体现在价格方面，包括与价格有关的赔偿标准和免赔额的确定，既要合法，又要符合价值规律。

③充分披露的原则。是指保险人在制定保险方案的过程中应根据保险最大诚信原则的告知义务的有关要求，将保险合同的有关规定，尤其是可能对于投保人不利影响的规定，要向投保人进行详细的解释。以往汽车保险业务出现纠纷的重要原因之一就是保险公司或代理人出于各种目的的考虑，在订立合同时没有对投保人进行充分的告知。

（2）制定保险方案前的调查工作

在制定保险方案之前应对投保人或潜在被保险人的情况进行充分的调查，根据调查结果进行分析是制定保险方案的必要前提。调查的主要内容如下。

①了解企业的基本情况，包括企业的性质、规模、经营范围和经营情况。

②了解企业拥有车辆的数量、车型和用途，了解车况、驾驶人素质情况、运输对象、车辆管理部门等。

③了解企业车辆管理的情况，包括安全管理的目标，对于安全管理的投入、安全管理的实际情况、以往发生事故的情况以及分类等。

④了解企业以往的投保情况，包括承保公司、投保险种、投保的金额、保险期限和赔付率等情况。

⑤了解企业投保的动机，防止逆向投保和道德风险。

（3）保险方案的主要内容

保险方案是在对投保人进行风险评估的基础上提出的保险建议书。首先，应当包括从专业的角度对投保人可能面临的风险进行识别和评估。其次，在风险评估的基础上提出保险的总体建议。第三，应当对条款的适用性进行说明，介绍有关的险种并对条款进行必要的解释。第四，对保险人及其提供的服务进行介绍。其具体内容如下。

①保险人情况。

②投保标的风险评估。

③保险方案的总体建议。

④保险条款以及解释。

⑤保险金额以及赔偿限额的确定。

⑥免赔额以及适用情况。

⑦赔偿处理程序以及要求。

⑧服务体系以及承诺。

⑨相关附件。

2. 保险承保

1）填写投保单

投保人购买保险，首先要提出投保申请，即填写投保单，交给保险人。投保单是投保人向保险人申请订立保险合同的依据，也是保险人签发保单的依据。投保单的基本内容有投保人的名称、厂牌型号、车辆种类、号牌号码、发动机号码及车架号、使用性质、吨位或座位、行驶证、初次登记年月、保险价值、车辆损失险保险金额的确定方式、第三者责任险赔偿限额、附加险的保险金额或保险限额、车辆总数、保险期限、联系方式、特别约定、投保人签章。

2）核保

核保是保险公司在业务经营过程中的一个重要环节。核保是指保险公司的专业技术人员对投保人的申请进行风险评估，决定是否接受这一风险，并在决定接受风险的情况下，决定承保的条件，包括使用的条款和附加条款、确定费率和免赔额等。

核保的主要内容如下。

（1）投保人资格。对于投保人资格进行审核的核心是认定投保人对保险标的拥有保险利益，汽车保险业务中主要是通过核对行驶证来完成的。

（2）投保人或被保险人的基本情况。投保人或被保险人的基本情况主要是针对车队业务的。

通过了解企业的性质、是否设有安保部门、经营方式、运行主要线路等，分析投保人或被保险人对车辆管理的技术管理状况，保险公司可以及时发现其可能存在的经营风险，采取必要的措施降低和控制风险。

（3）投保人或被保险人的信誉。投保人与被保险人的信誉是核保工作的重点之一。对于投保人和被保险人的信誉调查和评估逐步成为汽车核保工作的重要内容。评估投保人与被保险人信誉的一个重要手段是对其以往损失和赔付情况进行了解，那些没有合理原因，却经常“跳槽”的被保险人往往存在道德风险。

（4）保险标的。对保险车辆应尽可能采用“验车承保”的方式，即对车辆进行实际的检验，包括了解车辆的使用和管理情况，复印行驶证、购置车辆的完税费凭证，拓印发动机与车架号码，对于一些高档车辆还应当建立车辆档案。

（5）保险金额。保险金额的确定涉及保险公司及被保险人的利益，往往是双方争议的焦点，因此保险金额的确定是汽车保险核保中的一个重要内容。在具体的核保工作中应当根据公司制定的汽车市场指导价格确定保险金额。对投保人要求按照低于这一价格投保的，应当尽量劝说并将理赔时可能出现的问题进行说明和解释。对于投保人坚持己见的，应当向投保人说明后果并要求其对于自己的要求进行确认，同时在保险单的批注栏上明确。

（6）保险费。核保人员对于保险费的审核主要分为费率适用的审核和计算的审核。

（7）附加条款。主险和标准条款提供的是适应汽车风险共性的保障，但是作为风险的个体是有其特性的。一个完善的保险方案不仅解决共性问题，更重要的是解决个性问题，附加条款适用于风险的个性问题。特殊性往往意味着高风险，所以，在对附加条款的适用问题上更应当注意对风险的特别评估和分析，谨慎接受和制定条件。

3）接受业务

保险人按照规定的业务范围和承保的权限，在审核检验之后，有权做出承保或拒保的决定。

4）缮制单证

缮制单证是在接受业务后填制保险单或保险凭证等手续的程序。保险单或保险凭证是载明保险合同双方当事人权利和义务的书面凭证,是被保险人向保险人索赔的主要依据。因此,保险单质量的好坏,往往直接影响汽车保险合同的顺利履行。填写保险单的要求有单证相符、保险合同要素明确、数字准确、复核签章、手续齐备。

三、实训要求

能进行汽车保险业务流程的操作,学生模拟。

四、实训报告

整理实训内容,完成实训报告。

五、实训注意事项

购买汽车保险的其他注意事项如下。

(1)对保险重要单证的使用和保管。投保者在购买汽车保险时,应如实填写投保单上规定的各项内容,取得保险单后应核对其内容是否与投保单上的有关内容完全一致。对所有的保险单、保险卡、批单、保费发票等有关重要凭证应妥善保管,以便在出险时能及时提供理赔依据。

(2)如实告知义务。投保者在购买汽车保险时应履行如实告知义务,对与保险风险有直接关系的情况应当如实告知保险公司。

(3)购买汽车保险后,应及时交纳保险费,并按照条款规定,履行被保险人义务。

(4)合同纠纷的解决方式。对于保险合同产生的纠纷,消费者应当依据在购买汽车保险时与保险公司的约定,以仲裁或诉讼方式解决。

(5)投诉。消费者在购买汽车保险过程中,如发现保险公司或中介机构有误导或销售未经批准的汽车保险等行为,可向保险监督管理部门投诉。

任务三　汽车理赔业务流程

一、实训目的及要求

(1)掌握汽车理赔业务流程。

(2)熟悉保险理赔相关文件资料。

二、实训内容及方法

理赔是指保险人在保险标的发生风险事故导致损失后,对被保险人提出的索赔要求进行处理的过程。理赔应遵循"重合同、守信用、实事求是、主动、迅速、准确、合理"的原则,以保证保险合同双方行使权利与履行义务。

理赔工作的基本流程包括报案、查勘定损、签收审核索赔单证、理算复核、审批、赔付结案等步骤,具体的理赔流程如图 2-1 所示。

1. 报案

(1)出险后,客户向保险公司理赔部门报案。

(2)内勤接报案后，要求客户将出险情况立即填写《业务出险登记表》(电话、传真等报案由内勤代填)。

(3)内勤根据客户提供的保险凭证或保险单号立即查阅保单副本并抄单以及复印保单、保单副本和附表。

查阅保费收费情况并由财务人员在保费收据(业务及统计联)复印件上确认签章(特约付款须附上协议书或约定)。

(4)确认保险标的在保险有效期限内或出险前特约交费，要求客户填写《出险立案查询表》，予以立案(如电话、传真等报案，由检验人员负责要求客户填写)，并按报案顺序编写立案号。

(5)发放索赔单证。经立案后向被保险人发放有关索赔单证，并告知索赔手续和方法(电话、传真等报案，由检验人员负责)。

(6)通知检验人员，报告损失情况及出险地点。

以上工作在半个工作日内完成。

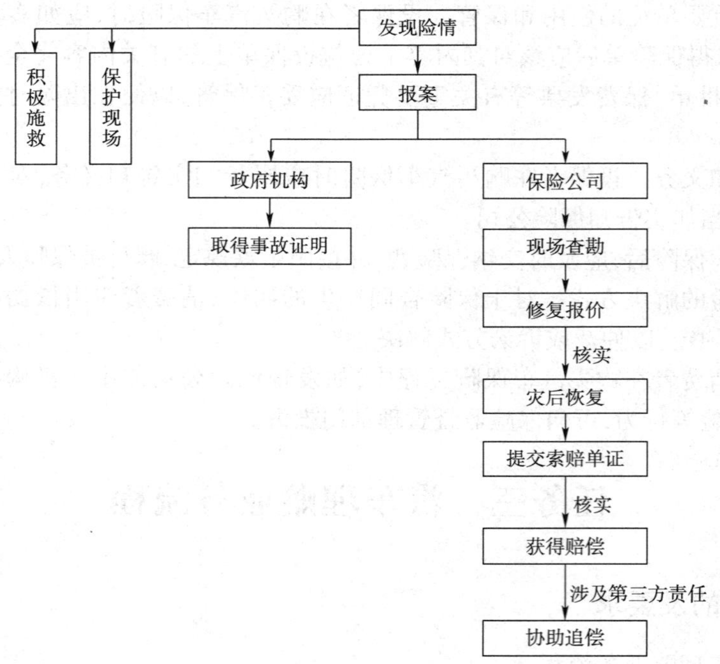

图 2-1　理赔流程

2. 查勘定损

(1)检验人员在接保险公司内勤通知后 1 个工作日内完成现场查勘和检验工作(受损标的在外地的检验，可委托当地保险公司在 3 个工作日内完成)。

(2)要求客户提供有关单证。

(3)指导客户填列有关索赔单证。

3. 签收审核索赔单证

(1)营业部、各保险支公司内勤人员审核客户交来的赔案索赔单证，对手续不完备的向客户说明需补交的单证后退回客户，对单证齐全的赔案应在“出险报告(索赔)书”(一式二联)上签收后，将黄色联交还被保险人。

(2)将索赔单证及备存的资料整理后,交产险部核赔科。

4. 理算复核

(1)核赔科经办人接到内勤交来的资料后审核,单证手续齐全的在交接本上签收。

(2)所有赔案必须在3个工作日内理算完毕,交核赔科负责人复核。

5. 审批

(1)产险部权限内的赔案交主管理赔的经理审批。

(2)超产险部权限的逐级上报。

6. 赔付结案

(1)核赔科经办人将已完成审批手续的赔案编号,将赔款收据和计算书交财务划款。

(2)财务对赔付确认后,除赔款收据和计算书红色联外,其余取回。

三、实训要求

能进行汽车理赔业务流程的操作,学生模拟。

四、实训报告

整理实训内容,完成实训报告。

五、实训注意事项

实训过程中,要熟悉汽车理赔工作内设部门及其职责。

(1)内勤部:接受报案,确认保险标的,并立案。

(2)查勘定损部。完成现场查勘和检验工作,指导客户填列有关索赔单证。

(3)营业部。签收审核索赔单证。

(4)核赔部。理算复核。

(5)产险部。审批理赔单。

(6)核赔科。审核理赔单。

情境三　汽车美容

能力目标

1. 具有汽车车身美容流程操作的能力。
2. 具有汽车内饰美容流程操作的能力。
3. 具有汽车漆面处理的能力。

知识目标

1. 了解汽车车身和内饰美容的基本概念。
2. 理解汽车美容的内容。
3. 理解汽车车身和内饰美容、汽车漆面处理的流程。

任务一　知识准备

一、汽车美容的基本概念与作用

1. 汽车美容的基本概念

汽车美容是指针对汽车各部位不同材质所需的养护条件采用不同性质的汽车美容护理用品及施工工艺，对汽车进行全新的保养护理。汽车美容的概念最初在我国出现是1994年，英文名称表示为“Car Beauty”或“Car Care”。如今这个概念已被公众普遍接受，汽车美容企业常以“汽车美容中心”自称，如今汽车美容中心已遍布全国各地。汽车美容源于西方发达国家，指对汽车的美化与维护。西方国家的汽车美容业也随着整个汽车产业的发展，已经达到非常完善的地步，他们形容这一行业为“汽车保姆”或“汽车保养护理”，也称为作“第四行业”。顾名思义，是针对汽车生产、销售、维修三个步骤而言的。

2. 汽车美容的分类

汽车美容的分类见表3-1。

现代汽车美容不只是简单的汽车清洗、吸尘、除臭及打蜡等常见美容护理，还包括利用专业美容系列产品和高科技设备，采用特殊的工艺和方法，对汽车进行漆膜抛光、增光、深浅划痕处理及全车漆面翻新等一系列养护作业。

专业汽车美容具有系统性、规范性和专业性等特性。所谓系统性就是着眼于汽车的自身特点，由表及里进行全面而细致的保养；规范性就是每一道工序独有标准而规范的技术要求；专业性就是严格按照工艺要求采用专业工具、专用产品和专业技术手段进行操作。汽车美容应使用专用优质的养护产品，针对汽车各部位材质进行有针对性的保养、修复和更新，使经过专业美容后的汽车外观洁亮如新，并保持长久的效果。

汽车美容的分类

表 3-1

<table>
<tr><th colspan="2">分　类</th><th>项　目</th></tr>
<tr><td rowspan="3">按汽车美容的作业部分分类</td><td>车身美容</td><td>整车清洗、清除沥青、焦油等污物,漆面打蜡、封釉、镀膜、抛光、漆面修复、新车开蜡、轮胎上光、保险杠翻新与底部防锈处理等</td></tr>
<tr><td>内饰美容</td><td>仪表台、顶棚、地毯、脚垫、座椅、车门内饰的吸尘清洁护理,以及蒸汽杀菌、冷暖风口除臭杀菌、室内空气净化等项目</td></tr>
<tr><td>发动机美容</td><td>发动机外部清洁护理及发动机内部各系统的免拆清洗等</td></tr>
<tr><td rowspan="2">按汽车美容的性质</td><td>护理性美容</td><td>指保持车身漆面和内室件表面光泽而进行的美容作业。
包括新车开蜡、汽车清洗、漆面研磨、抛光、还原、上蜡及内室件保护处理等美容作业</td></tr>
<tr><td>修复性美容</td><td>指车身漆面或内室件表面出现某种缺陷后所进行的恢复性美容作业。
其缺陷主要有漆膜病态、漆面划痕、斑点及内室件表面破损等,根据缺陷的范围和程度不同分别进行表面处理、局部修补、整车翻修等内室件修补更换的美容作业</td></tr>
</table>

3. 汽车美容的作用

(1)保护汽车。汽车涂膜是汽车金属等物体表面的保护层,它使物体与空气、水分、日光以及外界腐蚀性物质隔离,起着保护物面、防止腐蚀的作用,从而延长金属等物体的使用寿命。汽车在使用过程中,由于风吹、日晒、雨淋等自然侵蚀,以及环境污染的影响,涂膜会出现失光、变色、粉化、起泡、龟裂、脱落等老化现象。为此,加强汽车美容作业,维护好汽车表面涂膜是保护汽车金属等物体的前提。

(2)装饰汽车。随着人们消费水平的提高,对于某些车主而言,中、高档轿车不仅仅是一种交通工具,已成为一种身份的象征。车主不仅要求汽车具有优良的性能,而且要求汽车具有漂亮的外观,并想方设法把汽车装点得引人注目,这就对汽车的装饰性能提出了更高的要求。汽车装饰不仅取决于车型外观设计,而且取决于汽车表面色彩、光泽等因素。通过汽车美容作业,使汽车涂层平整、色彩鲜艳、色泽光亮。始终保持美丽的外观。

(3)美化环境。随着我国国民经济的不断发展和科学技术的不断进步,人们生活水平的不断提高,道路上行驶的各种汽车越来越多。如果没有汽车美容,道路上行驶的汽车车身灰尘污垢堆积,漆面色彩单调、色泽暗淡,甚至锈迹斑斑,这样将会形成与美丽城市极不协调的景象。因此,美化城市离不开汽车美容。

二、汽车美容作业项目

1. 护理性美容作业项目

1)新车开蜡

汽车生产厂家为防止汽车在储运过程中漆膜受损,确保汽车到用户手中时漆膜完好如新,汽车总装的最后一道工序是对整车进行喷蜡处理,在车身外表面喷涂封漆蜡。封漆蜡没有光泽,严重影响汽车美观,而且易黏附灰尘。汽车销售商在汽车出售前会对汽车进行除蜡处理,俗称开蜡。

2)汽车清洗

为使汽车保持干净、整洁的外观,应定期或不定期地对汽车进行清洗。汽车清洗是汽车美容的首要环节,同时也是一个重要环节。它既是一项基础性的工作,又是一种经常性的护理作业。按汽车部位不同,清洗作业可分为车身外表面清洗、内室清洗和行走部分清洗。车身外表面主要有车身表面、车门窗、外部灯具、装饰、附件等；内室主要有篷壁、地板（地毯）、座椅、仪表台、操纵杆、内部装饰、附件等；行走部分主要指与汽车底盘有关总成壳体的表面。对车身漆面的清洗可分为不脱蜡清洗和脱蜡清洗两种。不脱蜡清洗是指车身表面有蜡，但是不想把它去掉，只是洗掉灰尘、污迹。清洗方法主要是通过清水和普通清洗剂，采用人工或机械清洗。脱蜡清洗是一种除掉车漆表面原有车蜡的清洗作业。有些汽车原先打过蜡，现在需要重新打蜡上光，在这种情况下，必须在洗车同时将原车蜡除净，然后再打新蜡。脱蜡洗车使用脱蜡清洗剂，该清洗剂可有效地去除车蜡。用脱蜡清洗剂洗完之后，再用清水将车身表面冲洗干净。

3）漆面研磨

漆面研磨是为去除漆膜表面氧化层、轻微刮伤等缺陷所进行的作业。该作业虽具有修复美容的性质，但由于所修复的缺陷非常小，只要配合其他护理作业，便可消除缺陷，所以把它列为护理性美容的范围。

漆面研磨与后面的抛光、还原是三道连续作业的工序，研磨是漆面轻微缺陷修复的第一道工序。漆面研磨需使用专用研磨剂，通过研磨（抛光）机进行作业。

4）漆面抛光

漆面抛光是紧接着研磨的第二道工序，车漆表面经研磨后会留下细微的打磨痕迹，漆面抛光就是去除这些痕迹所进行的护理作业。漆面抛光需使用专用抛光剂作业。

5）漆面还原

漆面还原是研磨、抛光之后的第三道工序，它是通过还原剂将车漆表面还原到“新车”般的状态。还原剂也称“密封剂”，它对车漆起密封作用，以避免空气中污染物直接侵蚀车漆。增光剂在还原作用的基础上还有增亮的作用。

6）打蜡

打蜡是在车漆表面涂上一层蜡质保护层，并将蜡抛出光泽的护理作业。打蜡的目的，一是改善车身表面的光亮程度，增加亮丽的光泽；二是防止腐蚀性物质的侵蚀，对车漆进行保护；三是消除或减小静电影响，使车身保持整洁；四是降低紫外线和高温对车漆的侵害，防止和减缓漆膜老化。汽车打蜡可通过人工或打蜡机进行作业。

7）内室护理

汽车内室护理是对汽车控制台、操纵件、座套、顶棚、地毯、脚垫等部件进行的清洁、上光等美容作业，同时还包括对汽车内室定期杀菌、除臭等空气净化作业。汽车内室部件种类很多，外层面料也各不相同，在护理中应使用不同的专用护理用品，确保护理质量。

2. 修复性美容作业项目

1）漆膜病态治理

漆膜病态治理是指对漆膜质量与规定的技术指标相比所存在的缺陷予以治理。漆膜病态有上百种，按病态产生的时间不同可分为涂装中出现的病态和使用中出现的病态两大类。对于各种不同的漆膜病态，应分析原因，采取有效措施积极防治。

2）漆面划痕处理

漆面划痕处理是因刮擦、碰撞等原因造成的漆膜损伤。当漆面出现划痕时，应根据划痕的深浅程度，采用不同的工艺进行修复。

3）漆面斑点处理

漆面斑点是指漆面接触了柏油、飞漆、焦油、鸟粪等污物，在漆面上留下的污迹。对斑点的处理应根据斑点在漆面中渗透的程度不同,采取不同的工艺。

4)汽车涂层局部修补

汽车涂层局部修补是当汽车漆面出现局部失光、变色、粉化、起泡、龟裂、脱落等严重老化现象或因交通事故导致涂层局部破坏时所进行的局部修补涂装作业。汽车涂层局部修补虽作业面积较小,但要使修补后漆面与原漆面的漆膜外观、光泽、颜色基本一致,需要操作人员具有丰富的经验和高超的技术水平。

5)汽车涂层整体翻修

汽车涂层整体翻修是当全车漆膜出现严重老化时所进行的全车翻新涂装作业。其作业内容主要有清除旧漆膜、金属表面除锈、面漆喷涂、补漆修饰及抛光上蜡等。

三、汽车美容的依据与原则

1.汽车美容的依据

汽车美容应根据车型、车况、使用环境及使用条件等因素有针对性地、合理地安排美容作用的时机及项目。

1)因车型而异

由于汽车美容项目、内容及用品不同,其价位也不一样。对汽车进行美容不仅要考虑效果,同时也要考虑费用。因此,不同档次的汽车所采取的美容作业及使用的美容用品应有所不同。

2)因车况而异

汽车美容作业应根据汽车漆膜及其他物面状况有针对性地进行。车主或驾驶员应经常对汽车车身表面进行检查,发现异变现象要及时处理。如车漆表面出现划痕,尤其是较深的划痕,若不及时处理,金属出现锈蚀后,会增大处理的难度。

3)因环境而异

汽车行驶的地域和道路不同,对汽车进行美容作业要求的时机和项目也不同,如汽车经常在污染较重的工业区行驶,应缩短汽车清洗周期,经常检查漆面有无污染色素沉积,并采取积极预防措施;如汽车在沿海地区行驶,由于当地空气潮湿,大气中含盐较多,一旦漆面出现划痕应立即采取防护措施,否则很快会造成内部金属锈蚀;如汽车在干燥、风沙大的地区行驶,由于当地风沙较大,漆面易失去光泽,应缩短抛光、打蜡的周期。

4)因季节而异

不同的季节、气温和天气的变化,对汽车表面及内室部件具有不同的影响。如汽车在夏季使用时,由于高温漆膜易老化,在冬季使用时,由于严寒,漆膜易冻裂,应进行必要的预防护理作业。另外,冬夏两季车内经常使用空调,车窗紧闭,车内易出现异味,应定期进行杀菌和除臭作业。

2.汽车美容的原则

1)预防与治理相结合

汽车美容要以预防为主,即在汽车漆膜及其他物面出现损伤之前进行必要的维护作业。一旦出现损伤应及时进行治理,使其恢复原来状态,因此,汽车美容应坚持预防与治理相结合的原则。

2)车主护理与专业护理相结合

汽车美容很多属于日常性的维护作业,如除尘、清洗、擦车、检查等,只要车主或驾驶员掌握了一定的汽车美容知识，完全可以自己完成。但定期到专业汽车美容场所进行美容也是必不可少的，因为还有很多美容项目是车主无法完成的，尤其是汽车漆面或内饰物面出现某些问题时，必须进行专业护理。为此，车主或驾驶员护理一定要与专业护理相结合，这样才能将车护理得更好。

3）单项护理与全套护理相结合的原则

汽车美容作业的项目和内容很多，在作业中应根据汽车自身状况有针对性地选择项目和内容。如果进行某些单项护理就能解决损伤的，可不必进行全套护理，这样不仅节省费用，同时对汽车车身也是有利的。例如，汽车漆膜的厚度是一定的，如果每次美容都进行全套护理，即每次都要研磨、抛光，这样漆膜厚度会很快变薄，当磨透车漆时，就必须进行重新喷漆，这就得不偿失了。当然，在需要时对汽车进行全面护理也是必要的，关键是要根据不同情况具体对待。

4）局部护理与全车护理相结合

汽车漆膜局部出现损伤时，只要对局部进行处理即可，只有在全车漆膜绝大部分出现损伤时，才能进行全车漆膜处理。在实际工作中，应根据需要决定护理的面积，只需局部护理的不要扩大到整个漆面，只需整块板护理的不要扩大到全车。

任务二　汽车车身美容

一、实训目的及要求

熟悉汽车车身美容设备的原理与使用方法。

熟练掌握打蜡的程序及注意事项。

了解镀铬件翻新的内容。

掌握车身美容的注意内容。

二、实训内容及方法

车身美容作为汽车美容服务的前提和基础，是日常汽车美容中最广泛、最普及的作业项目，车身美容主要包括高压洗车，除锈、去除沥青、焦油等污物，上蜡增艳与镜面处理，新车开蜡，钢圈、轮胎、保险杠翻新与底盘防腐涂胶处理等项目。经常洗车可以清除车表尘土、酸雨、沥青等污染物，防止漆面及其他车身部件受到腐蚀和损害。适时打蜡不但能给车身带来光彩亮丽的效果，而且多功能的车蜡能够无微不至地呵护爱车，可以防紫外线、防酸雨、抗高温及防静电。

车身美容主要内容如图 3-1 所示。

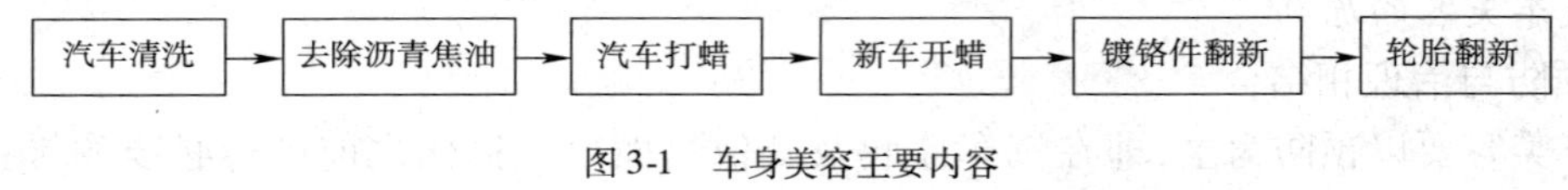

图 3-1　车身美容主要内容

1. 汽车车身美容主要内容

1）清洗设备

汽车清洗采用专用设备和清洗剂（见表 3-2），对汽车车身及其附属部件进行清洁处理，使其保持或再现原有风采。

清洗剂的种类 表3-2

清洗剂的类型	种类
车身漆面清洗剂	水系清洗剂、有机清洗溶剂、二合一清洗剂
玻璃清洗剂	各种内饰清洗剂、清新剂
内室清洗剂	多功能清洁柔顺剂、丝绒清洁保护剂、地毯洗涤保护剂、化纤清洗剂、塑胶清洁上光剂、真皮清洁增光剂、多功能内室光亮剂、车内仪表板清洁剂
零部件清洗剂	发动机外部清洗剂、润滑系统清洁剂、电子燃油喷射系统清洁剂、轮毂清洁剂

(1)汽车清洗设备

汽车清洗又可分为普通清洗和特种清洗，特种清洗包括汽车涂装前的除油、除锈等清洗工作。

汽车普通清洗时，由于汽车表面各部位材料质地、形状不同，应选用合适的汽车清洗用品。常用汽车清洗用品包括水源、海绵、毛巾、板刷等。特种清洗还需要除锈剂和除油剂。汽车清洗使用的设备包括泡沫清洗机、脱水机、吸尘器、冷热水高压清洗机、电脑洗车机等。

①泡沫清洗机。泡沫清洗机利用压缩空气在设备内部产生一定的压力，通过设备配置的系统，将设备内调配好的清洗液以泡状喷射到需要清洗的汽车上。该设备采用气动控制，压力稳定，具有流量大、操作简单、使用方便等优点。例如，上海神龙清洗机厂生产的泡沫清洗机如图3-2所示。

泡沫清洗机使用说明：打开打泡机球阀，加满水后，再加入900g左右的高度洗洁精，然后关好球阀，打开气阀，气压表压力调至196～392kPa，均匀喷射在冲洗物体上，然后用干净海绵擦净即可。

②脱水机。脱水机主要用于汽车地毯清洗后的脱水作业。脱水机的工作原理是利用滚筒的高速旋转，把地毯中的水分完全分离，达到使地毯快速干燥的目的。脱水机如图3-3所示。

图3-2 泡沫清洗机

图3-3 脱水机

③清洗机。便携式汽车清洗机具有实用性强、用水量少、操作简便、价格低廉、可随时随地清洗车辆等特点。现介绍几种便携式汽车清洗机，如福象牌多功能便携式汽车清洗器(带水泵)、福轩便携式洗车器(带水压)。

④电脑洗车机。电脑洗车机是利用电脑系统控制毛刷和高压水来清洗汽车的一种机器。主要由控制系统、电路、气路、水路和机械结构组成。电脑洗车机分类见表3-3。

电脑洗车机分类　　表3-3

电脑洗车机分类	工作方式	类　型	特　点
固定式	洗车机不动,汽车缓慢通过洗车机的工作区域,洗车机按照相应的指令程序清洗汽车	隧道式连续洗车机、大型隧道式洗车机(清洗无轨电车、大型客车、地铁)	固定式清洗设备具有清洁效率高、劳动强调低等特点
移动式	是指洗车机按照一定的程序在导轨上来回移动,同时执行洗车指令	龙门往复式洗车机、大中小型移动式洗车机等	可移动式设备属于小型清洗设备,车辆在清洗工位上进行清洗,其特点是使用方便,灵活机动,但一般是单喷嘴,出水量小,清洗效率低

(2)汽车清洗方法

汽车清洗方法可按清洗时使用的工具或设备分为一般清洗法、高压水枪冲洗法、自动洗车法、超声波洗车法等。应根据实际条件和汽车清洗的具体要求进行选择,既要保证汽车清洗的质量,又要使汽车清洗投入的人力和物力消耗最少。

①一般清洗法

一般清洗法也就是手工清洗法。手工清洗法所用材料主要是水和必要的清洁剂。工具主要有水桶、海绵、毛巾、毛刷等。

一般清洗步骤如下:

a. 用清水冲洗车身的污垢。先从车顶开始冲洗,然后冲洗前、后风窗玻璃、左右两侧玻璃门窗、车身其他部位,使污物由上往下流下。同时使水湿润灰尘、污垢,便于进一步擦洗。

b. 用水冲洗车轮挡泥板内侧及凹缘处,并用手或毛刷清除凹缘内的泥垢。

c. 用毛刷或海绵清洗轮圈上的污泥。

d. 用毛巾配合水柱从车顶开始擦洗。必要时毛巾上沾上些清洁剂进行擦洗。

e. 车身用毛巾与水柱擦洗完后,再用半湿性毛巾将车身擦干。

②高压水枪冲洗法

高压水枪冲洗法使用的材料主要是水和泡沫清洗液。工具主要有高压清洗机、海绵、毛巾、毛刷、喷水壶等。

高压水枪冲洗法洗车步骤如下:

a. 冲洗。车辆停放平稳后,用高压水冲洗车身污物,顺序应自上而下,冲洗时,水柱应始终由一个方向向斜下方冲洗,尽量避免正向或反冲洗,以免将泥沙冲回已经冲洗干净的部位。另外,冲洗时车身的下部及底部是不可忽视的部位,因为大量的泥沙和污物一般都聚集在这些部位,必须尽可能地冲洗掉这些泥沙和污物。

b. 擦洗。将配制好的洗车液均匀喷洒在车身表面,如果有泡沫清洗机,可先将泡沫喷洒在车身表面,然后用海绵按照从上到下的顺序擦洗车身。擦洗时,应注意全车的每个角落都要细致认真地擦洗,同时注意车身表面有些冲洗不掉的附着物,不可用力猛擦,以免损坏车身漆面。对于顽固污渍如焦油、沥青等,应使用专用清洁剂来清洗。

c. 冲洗。擦洗完毕之后,再冲洗车身,顺序同第一步一样,但这时应以车顶、上部和中部为重点。向下流动的水基本能够将下部及底部冲洗干净,所以下部和底部一带而过即可。

d. 擦车。用半湿性大毛巾将整个车身从前至后先预擦一遍,待车身中部及下部的大多数水分被吸干之后,用干毛巾仔细擦一遍,要求擦干不留水痕。

e. 吹干。完成前面四道工序后，车身表面基本洗干净。但是有些地方在擦车时不容易擦干，如发动机罩边沿及内侧、车门边缘内侧、车门把手内侧、后备舱边沿内侧、油箱盖内侧等凹进去的地方，这时要用压缩空气来进行吹干。操作时可一手拿着压缩空气枪，一手拿着干净抹布，边吹边抹，直到吹干为止。最后就可进行下一步的研磨抛光工作了。

③自动洗车法

自动洗车法是运用电脑洗车机进行车辆的清洗。

④汽车外表的清洗

汽车外表的污垢主要有外部沉积物、锈蚀物以及焦油、沥青、树枝、鸟粪、虫尸等附着物。

⑤汽车车身表面其他部件的清洗

汽车车身清洗时，因有些部件的材质不同，所以清洗时使用的清洗剂也应有所不同，如不锈钢饰件的清洁护理、镀铬部件的清洁护理、塑胶件的清洁护理、车窗玻璃的清洗等。

⑥汽车内饰件的清洁

汽车内饰件主要是由皮革、塑料、橡胶、纤维等材料制成的。对于不同的内饰件材质使用不同的清洗方法。主要有皮革内饰件的清洗、塑料内饰件的清洗、橡胶制品的清洗、化纤座套、内衬的清洗。

⑦汽车清洗注意事项

为保持车容整洁，应经常对汽车进行清洗，在进行汽车清洗作业时，应注意以下几点。

a. 洗车时应选用专用洗车液，任何车身漆面均不能用洗衣粉、洗洁精等含碱性成分的普通洗涤用品，以免使车身漆面失去光泽，甚至使车漆干裂，造成不可挽回的损失。

b. 洗车时最好使用软水，尽量避免使用含矿物质较多的硬水，以免车身干燥后留下痕迹。

c. 在冲车时，水压不宜太高，喷嘴与车身应保持一定的距离。

d. 洗车时各操作工序都应遵循从上到下的原则。

e. 擦洗车身漆面时，应使用软毛巾或海绵，并检查其中是否含有硬质颗粒，以免划伤漆面。

f. 车身粘有沥青、油渍等污物时，要及时用专用清洗剂进行清洗。

g. 洗车时，应进行最后一道吹干工序，不能省略。车身的缝隙之间，标识缝隙间的水滴如果不吹干，久了将会形成顽固的水垢，难以去除。

h. 不要在阳光直射下洗车，以免车表水滴干燥后留下斑点，影响清洗效果。

i. 若发动机罩有余热，应待冷却后再进行清洗，防止温差太大伤及漆层。

j. 在严寒季节不要在室外洗车，以防水滴在车身上结冰，造车漆层破裂。

2）去除沥青、焦油

采用专门的焦油和沥青去除剂，在去除污渍的同时，最大限度地保护漆面，也可以采用抛光研磨方法去除。

尽管汽车清洗作业简单易行，但必须规范操作，以最大限度地提高工作效率。在洗车作业，应注意以下几点。

(1)应使用专用洗车液。不要使用肥皂或洗洁精，因为这类用品碱性强，会导致漆面失光，局部产生色差，密封橡胶老化，还会加速局部漆面脱落部位的金属腐蚀。

(2)高压冲洗前，需检查车窗、前后盖板是否关闭良好。

(3)高压冲洗时，水压不宜太高，且先使用分散雾状水流清洗全车，浸润后再利用集中水流冲洗。对于可调压的清洗机，底盘冲洗时，水压可高一些，以便能够冲掉底盘上附着的污泥和其他附着物；车身清洗时，可将水压调低些，如果清洗车身的水压和水流过大，污物颗粒会划伤漆层。

(4)使用调温式清洗机时，注意热水温度不宜过高，以免损坏漆层。

(5)擦清洗剂时应使用软毛巾或海绵。最好使用海绵，以免硬质颗粒划伤漆面。

(6)汽车各工序都应遵循由上到下的原则，即按车顶、前后盖板、车身侧面、灯具、保险杠、车裙、车轮的顺序进行。

(7)不要在阳光直射下洗车。如果阳光直射，车表水分蒸发快，车身上的水滴会留下斑点，影响清洗效果。

(8)不要在严寒中洗车，以防水滴在车身上结冰，造成漆层破裂。北方严寒季节洗车应在室内进行，车辆进入工位后，静置5~10min，然后冲洗。

(9)发现车身附件有灰尘或杂质，应及时清除，以免沾污漆面。

3)汽车打蜡

选用专用车蜡，定期对车表面进行涂敷护理，上光保护，使水、紫外线及高温对漆面的损坏得以控制，保持漆面持久如新。

一般来说，打蜡的程序如下。

(1)汽车清洗

汽车打蜡前，必须对车辆进行彻底清洗。清洗后，将车体擦干后再上蜡。如果车身表面的油漆已经褪色或氧化，必须在清除掉旧的和氧化的油漆后，才能打蜡。

(2)研磨

研磨也称打底，就是将老化的烤漆磨去。使用含有研磨剂的复合蜡打底处理时，在烤漆膜较薄的部分，最好用遮蔽用的胶带贴起来进行保护。研磨时以30~40cm^2见方为单位进行，或将车身分成一片一片仔细研磨，如果研磨的面积太大，会造成涂抹不匀。

(3)上蜡

手工上蜡简单易行，机械上蜡效率高。无论是手工上蜡还是机械上蜡，都要保证漆面均匀涂抹。手工上蜡时，首先将适量的车蜡涂抹在海绵(专用打蜡海绵)上，然后按一定顺序往复直线涂抹，每道涂抹区域应与上道涂抹区域有1/5~1/4的重合度，防止漏涂。机械上蜡时将车蜡涂在打蜡机海绵上，具体涂抹过程和手工相似，值得注意的是在边、角、棱处的涂抹应避免超出漆面，而在这方面手工涂抹更容易把握。

(4)抛光

根据不同车蜡的说明，一般涂抹后5~10min即可进行抛光。抛光时遵循先上后下的抛光原则，确保抛光后的车表不受污染，抛光作业通常使用无纺布毛巾作往复直线运动，适当用力按压，以清除剩余车蜡。

(5)完饰

气枪吹出汽车缝隙内的水，用无纺布毛巾擦干汽车缝隙、门边等处的水迹。

打蜡时要注意以下问题。

①打蜡作业环境应清洁，有良好通风，有条件可设置专门的打蜡工作间。

②应在阴凉处给汽车打蜡，否则车表温度高，车蜡附着能力会下降，影响打蜡效果。

③打蜡时，手工海绵及打蜡机海绵运行路线应该直线往复，不宜环形涂抹防止由于涂层不均造成强烈的环状漫射。

④打蜡时应遵循先上后下的原则。

⑤打蜡时，若海绵上出现与车漆相同的颜色，可能是漆面已经破损，应立即停止打蜡。

⑥抛光作业要在上蜡完成后的规定时间内进行，而且抛光运动也是直线往复运动。未抛光的车辆不要上路行驶，否则再进行抛光时，易造成漆面划伤。

⑦抛光结束后，要仔细检查，清除车牌、车灯、门边等处残存车蜡，防止产生腐蚀。

⑧打蜡结束后，设备及用品要作适当的清洁处理，妥善保存。

⑨要掌握好打蜡的频率，由于汽车行驶及停放环境不同，打蜡间隔时间不可一成不变，可以用手试车身漆面，若无光滑感，就应该进行再次打蜡。

4）新车开蜡

新车下线时，为了避免在露天停放或运输中风吹雨淋、烈日暴晒、烟雾及酸雨的侵蚀，必须进行喷蜡覆盖保护，即必须对新车进行开蜡。因此，购车后必须将封漆蜡清除掉，同时涂上新车保护蜡。清除新车的封蜡称为“开蜡”。

新车开蜡的流程如图3-4所示。

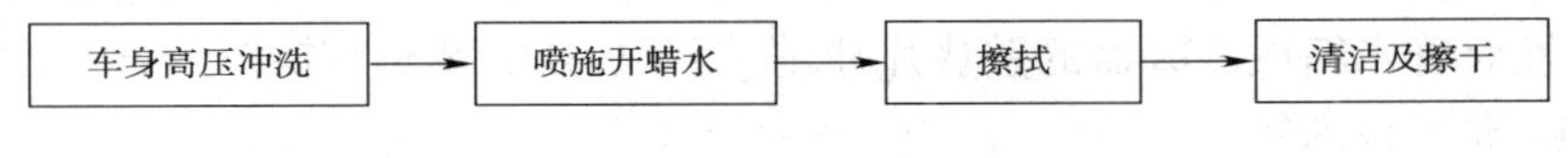

图3-4 新车开蜡流程

（1）新车封蜡的类型。市场上常见的新车保护性封蜡有油脂封蜡、树脂封蜡、硅性油脂保护蜡。

（2）新车封蜡所需的产品。新车封蜡所用的产品包括油脂开蜡洗车液、树脂开蜡洗车液、强力脱蜡洗车液。

（3）新车开蜡所需工具。新车开蜡所需工具包括专用洗车海绵、高密度纯棉毛巾、塑料异形刮板、防护眼镜、橡胶手套。

（4）新车开蜡的流程包括车身高压冲洗、喷施开蜡水、擦拭、清洁及擦干。

①车身高压冲洗。使用清洗机冲去车表尘埃及其他附着物。

②喷施开蜡水。在开蜡车表均匀喷施开蜡水，待6～7min后使除蜡剂完全渗透于蜡层，快速溶解车表蜡的保护层。

③擦拭。用棉布、毛巾或无纺布擦拭车表，并用棕毛刷刷洗缝口、裙边及轮胎等处。

④清洗机擦干。用清洗机冲洗车表，然后用洗车液清洁车身，擦干后即可交车。

新车开蜡应注意以下几点。

a. 在开蜡前不要使用洗车液，以免造成无谓浪费。

b. 开蜡水喷施一定要均匀，边角缝隙处千万不可忽视。

c. 喷施开蜡水后，要待开蜡水完全渗透蜡层并使其开始溶解后，才能用毛巾擦拭。

d. 最后的清洗及擦干，要按洗车作业规程实施，因为经开蜡水清洗开蜡后，仍会有部分蜡层及杂质留在车表。

e. 不可用煤油开蜡，虽然煤油可洗掉原来的油蜡，但却会给汽车造成很多细微刮痕。

f. 在进行高压冲洗时，压力不要高于7MPa。

5）镀铬件翻新

使用专门的护理品对采用镀铬处理的部件进行护理，如钢圈、保险杠、车轮扣盖等进行翻新作业，使其再现原有光泽。

6）轮胎翻新

使用专用轮胎清洁增黑剂，迅速渗透到橡胶中，分解有害物质，延缓轮胎老化，增黑增亮。

三、实训要求

能进行汽车清洗、新车打蜡、开蜡流程的操作,学生模拟。

四、实训注意事项

(1)消除消费误区。车身美容像打扫卫生。目前有人认为车身美容像打扫卫生这种说法是不完善的。其实有些汽车美容店对汽车进行的清洁是不规范的,有可能给汽车造成伤害,比如直接用刷子刷洗泥污。

(2)规范车身清洗。规范的车身清洗大体上分为5个步骤:一是高压水冲洗,二是上液,三是擦拭,四是清除顽迹,五是冲净和擦干。

①在清洗前,车身表面温度要冷却到60℃以下,周围环境温度保持在0~40℃,水枪离车身漆面15cm以上。冲洗的顺序是从车顶到两边。冲洗车前的栅网部位时,应该使用雾状水流,不能用水柱对着水箱或冷凝器的散热片冲刷,挡泥板处安装塑胶拱罩的,应拆下清洗,并彻底清洗挡泥板、翼子板内侧。

②首先用高压水枪从上到下将沾染在车身表面的泥沙冲掉,接着冲洗车身后部,最后洗车下部。这一步骤应注意的是应该全面冲洗底盘,彻底清洁边缘部分、弯曲部分、挡泥板等部位。特别应将车轮以及制动盘部位、翼子板部以及车前栅网部位、门内边框和车裙等各处泥沙、污物彻底冲洗干净。

③然后上液,将洗车液泼洒在车身上。泼洒洗车液方法有两种。一是使用多功能高压泡沫清洗机,喷洒时要均匀,要上下有规律地抖动喷头;二是手工按一定比例配置洗车液,不得使用洗衣粉、肥皂水、脱蜡洗涤剂。

④第三步是擦拭,用洗车海绵蘸上洗车液,擦拭一遍车身,如果污物不容易清除,可反复擦拭。注意擦拭车身上下的海绵要分开使用,以免车身下部的砂粒刮伤车身漆面。接着用高压水枪冲洗干净,特别要将车接缝处、拐角处的泡沫等残留物冲洗干净。

⑤第四步是清除残留在车身的顽渍,可以用全能除垢水配合无尘棉布进行仔细擦洗,接着拧干蘸有洗车液的无尘棉布,沿着与汽车行驶相垂直的方向擦干车身漆面上的洗车液。

⑥最后是用充足的清水将洗车液完全冲洗干净,并及时用合成羊皮巾将水分擦干。擦干要达到全车无水迹,玻璃无污迹。

(3)泥沙未冲掉不要擦洗。清洗车身过程中要注意,在未冲掉车身表面上的泥沙之前,不要用毛巾或其他物品蘸水擦洗,否则会使车身漆面被泥沙刮伤,留下划痕。另外,因为车裙和轮胎部位的泥沙较多,不可用擦过该部位的毛巾再去擦其他部位,以免擦伤车身漆面,留下划痕。

(4)使用不用洗车液洗车的效果不同。

①不脱蜡汽车。使用高压水枪,配合洗车液,除去车身的尘土、污垢。这样洗车洗不掉车身原有的蜡,就是最常见的日常洗车。日常使用的洗涤灵、洗衣粉等都是属于强力的脱蜡液,用它洗车对车身漆面会生产较大的损伤。

②脱蜡洗车,使用脱蜡液,它的主要成分是树脂,洗掉车身上原有覆盖的保护蜡和光洁蜡。脱过蜡的汽车车身必须重新打蜡,否则车身漆面会很快氧化。

③洗车蜡洗车。洗车蜡又称为天然打蜡香波,它是一种含水蜡的洗车液。它具有洗车功能还有打蜡功能,可在漆面上形成一层保护膜,但光泽保持时间不长。

任务三　汽车内饰美容

一、实训目的及要求

(1)掌握车室美容护理方法。
(2)熟悉发动机美容护理。
(3)了解行李舱清洁方法。

二、实训预备

实训设备及工具。
(1)汽车服务工程实训室。
(2)清洗机、打蜡机、研磨机、抛光机、专用油漆喷枪。

三、实训内容及方法

汽车内饰美容主要内容如图3-5所示。

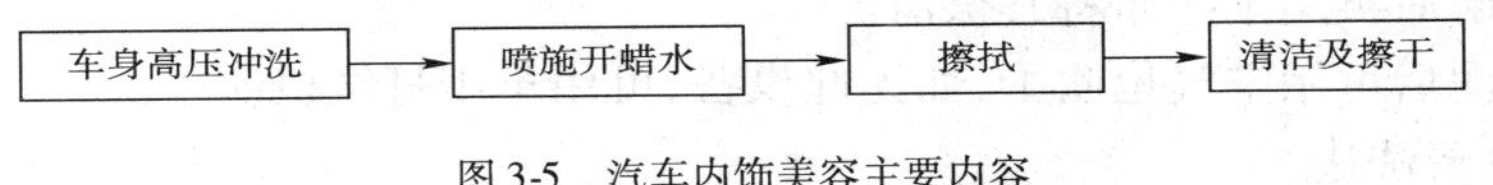

图3-5　汽车内饰美容主要内容

1. 车室美容护理

车室美容是一项系统的清洁护理操作作业,因此,既要明确操作项目的内容,又要遵循严格的合乎规范的施工程序,只有这样才能有效地组织操作,提高效率,节省时间,保证作业质量,提高企业服务水平。

由于车室美容护理具体内容寓于程序之中,这里介绍一下车室美容的基本程序。汽车车室美容护理操作基本程序如图3-6所示。

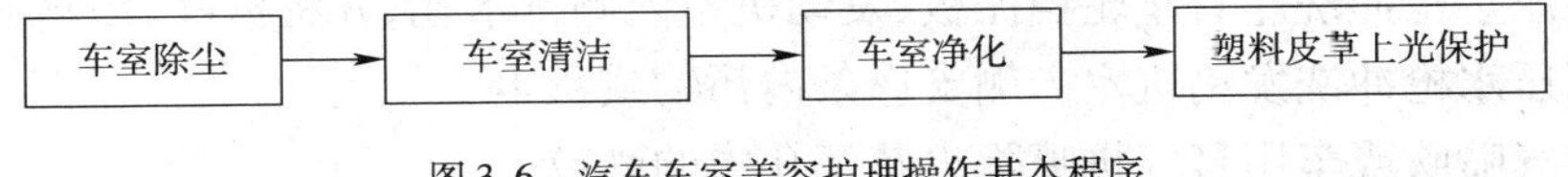

图3-6　汽车车室美容护理操作基本程序

1)车室除尘

除尘作业是内饰清洁的第一项工作,一般选用吸尘器及毛巾进行。在除尘时应遵循从高到低处的原则。

2)车室清洁

清洁作业在除尘后进行,目的是清除附着或浸渍在内饰表面的污物。基本用品是毛巾及有关清洁护理品。在车室清洁时也要求遵循由高处到低处的原则。

3)车室净化

除尘及清洁作业主要清除灰尘及污迹,对于车室内的有害细菌无法彻底清除,为此,在车室美容中要进行高温蒸汽杀菌或施空气清新剂。

4)塑料、皮革上光保护

使用专门的塑料、皮革上光保护剂对其进行上光保护。根据产品不同,可采用擦涂和喷施方法,无论采取哪种方案,都要注意涂抹的均匀性。

2. 发动机美容护理

发动机的清洗要保证零件的充分清洗，提高效率并做到文明修理。发动机室为发动机的工作空间，除安置发动机及其附件外，还有制动主泵真空辅助器、油路、离合器主泵、钢索、连杆、刮水器、电动机及连杆组，空调压缩机、冷凝器及其冷凝管路、冰箱变速器等部件。这些部件不但拥挤，而且易受机件的传动而污染，除此之外，发动机室最大的污染源为灰尘、清洁水、水箱精、齿轮油、动力油等污染，且其未与地面完全隔离密封，故在行进中遇雨水而溅及发动机或发动机室的其他部件，或灰尘散满整个发动机室内，如长期未予清除，易使水分、灰尘进入发动机、油路（如制动油路）、电器部件中而造成故障或损坏。清洗发动机，一般由专业人员或车主进行即可。其方法可分为柴油或煤油清洗、高压水枪清洗、高压空气清洗及一般简单的清洗。无论使用何种方法，在清洗发动机或发动机室时，应先将发动机熄火，使所有电器不工作，并使发动机室温度下降，千万不可在高温下清洗。

1）柴油或煤油清洗法

（1）将柴油或煤油装在压力容器内，再将其喷洒在发动机室内油污处或沾在布上擦除油污。

（2）在喷洒前先用布或纸将易受油变质的物品遮盖好，如高压线、电路线路等电路部位。

（3）油污处喷洗后应稍等油污溶解。

（4）油污溶解后再用干净布将其擦清。

（5）擦拭污泥后可用空气枪吹干，如无此设备，可用车用打气机吹干。

2）高压水枪清洗法

（1）打开发动机盖，将分电器、制动油壶、蓄电池加水盖用布遮盖。

（2）打开高压喷水枪喷洗发动机及其污垢处。

（3）用高压枪喷洗前挡风玻璃下的通风口。

（4）喷洗前风窗玻璃与发动机室隔热空间内的树叶、污泥和尘土。

（5）用高压水枪冲洗水箱、散热片及空气冷凝器散热片上的树叶、虫子、灰尘，注意应先由内往外冲洗。

（6）用高压水枪冲洗左右车轮挡泥板、发动机室内侧排水孔，并将树叶、污物取出。

（7）用高压水枪冲洗发动机室内侧支撑条内污物或灰尘。

（8）用空气喷吹或车用打气机喷除火花塞孔内的砂粒。

（9）取下遮盖布，并用干净的布将发动机室各部彻底擦拭干净。

3）高压空气清洗法

（1）用高压空气枪吹除发动机空置内侧凸条的油污。

（2）用高压空气枪吹除空气滤清器外壳上的灰尘，尤其是中央固定螺栓凹缘处。

（3）用高压空气枪吹除火花塞凹孔内的灰尘。

（4）用高压空气枪吹除发动机四周的附件，如蓄电池、下挡泥板等。

（5）用高压空气枪吹除冷凝器及水箱散热器上的污物。

（6）用高压空气枪吹除两旁排水孔的污物。

（7）用空气枪清除风扇上的污物。

（8）打开空气滤清器盖子进行清除工作。喷扫时要用布将化油器顶部塞住，以免进入灰尘。

（9）清除空气芯子内灰尘。

4)一般简单法

(1)将车用空气机接上吹气嘴。

(2)将空气机电源接头插入点烟器中或用直流变换器亦可,但不可发动发动机。如蓄电池电压不足或太老旧时,可改用直流变换器或发动机。

(3)打开发动机盖的拉柄。

(4)使用空气清洁发动机室盖内侧凸条及凹孔内的污物。

(5)吹除空气滤清器盖上及凹孔内的污物。

(6)吹除发动机室隔热槽内的污物。

(7)吹除火花塞凹孔内的灰尘及砂粒,吹除排水孔的污物。

(8)吹除水箱及冷凝器散热片上的污物。

(9)打开空气固定螺钉,取下空气滤芯。

(10)使用车用空气机清洁空气滤清器,外壳内如有灰尘可用湿布擦拭去,千万不要将灰尘擦拭入化油器孔内,可先用清洁的布将化油器孔盖住。使用吸尘器除空气滤芯外侧上附着的污物。

5)发动机的外部清洁

对于发动机的外部清洁,主要的工作有三个方面,一是外部灰尘及油污的清除;二是表面锈渍的处理;三是电器电路部分的清洗。

6)燃油系统的清洁护理

汽车发动机燃油系统在长期的工作中,其油箱、油管、喷油嘴等处易生成胶质和沉积物,火花塞、喷油嘴、燃烧室等处易生成积炭。这些现象会影响燃油的供给,影响混合气的正常燃烧,从而导致发动机怠速不稳、加速不良,甚至出现爆燃等情况,使发动机的油耗增加,废气排放增加。因而必须对燃油系统进行定期的清洁护理,以维持发动机性能良好的工作。

发动机燃油系统的清洁护理是在发动机不解体的情况下,通过专用设备或采用专业用品来达到清洁护理的目的。用燃油系统清洁机清洗或专用清洗剂清洗。

7)润滑系统的清洁护理

发动机在运行过程中,润滑系统的润滑油就处在高温高压的条件下工作,容易产生油泥,胶质等沉积物,这些物质粘附在润滑系统的油路之中,不但影响润滑油的流动,而且加速了润滑油变质,使运动零件的表面磨损加剧。因此必须对润滑系统进行定期清洁护理,以保证润滑系统的正常工作,从而延长发动机的使用寿命。润滑系统的清洁护理可用机器清洗和专用清洗剂清洗。

8)冷却系统的清洁护理

现代汽车冷却系统中虽然不是直接使用水来冷却,但是冷却液中也不同程度会含有碳酸钙、硫酸镁等盐类物质。冷却系统长时间工作后,这些物质会从冷却液中析出,一部分形成沉淀物,一部分沉积在冷却系统的内表面形成水垢。冷却系统的清洁护理可用清洗机清洗或专用清洗剂清洗。

3.行李舱清洁

行李舱是汽车内部的重要设施,其清洁工作也不容忽视。车主常把各类清洁养护剂、抹布等都堆在行李舱里,而平时却几乎不清洁行李舱,这不仅会造成串味,而且清洁剂等化学物品也会对周围环境造成污染。行李舱的美容护理工作分为三个步骤:清洁、杀菌和整理。清洁行李舱时,先将里面的杂物取出,再用专业清洁剂进行彻底刷洗,并将残留的清洁剂擦拭干净即可。由于行李舱里铺设的是绒布材料,里面隐藏着许多细菌和灰尘,所以清洗完行李舱后,要用高温蒸汽进行杀菌处理,去除行李舱内的细菌和异味。如果有玻璃除雨雾剂、内饰清洁剂、光触媒、轮胎清洁上光剂等汽车美容养护产品可集中装在一个袋子里,防止车辆行驶时散落各处。

四、实训要求

能进行车室美容、发动机美容护理、行李舱清洁的操作,学生模拟。

五、实训报告

整理实训内容,完成实训报告。

六、实训注意事项

驾乘舱部分是驾乘人员平时活动的空间,易受外界因素的影响。例如,外界的油尘,驾乘人员吸烟、汗渍等,如不及时进行清洁护理,就容易污染内部空气质量,造成驾乘人员的不适,影响驾乘人员的心情,甚至危害身心健康。

清洁时必须注意的是,车顶棚内填充物是隔热吸音材料,比较容易吸收水分,所以抹布一定要拧干,太湿的抹布在清洁时会使顶棚材料吸进过多的水分,会增加以后干燥的难度。

任务四　汽车漆面处理

一、实训目的及要求

(1)熟悉汽车漆面处理常用的设备及用品。

(2)掌握汽车漆面浅划痕处理的方法。

(3)了解汽车漆面失光的原因。

(4)了解喷漆过程。

二、实训内容及方法

汽车漆面处理服务项目可分为氧化膜处理、飞漆处理、酸雨处理、漆面划痕处理、漆面破损处理及整车喷漆。主要内容如图3-7所示。

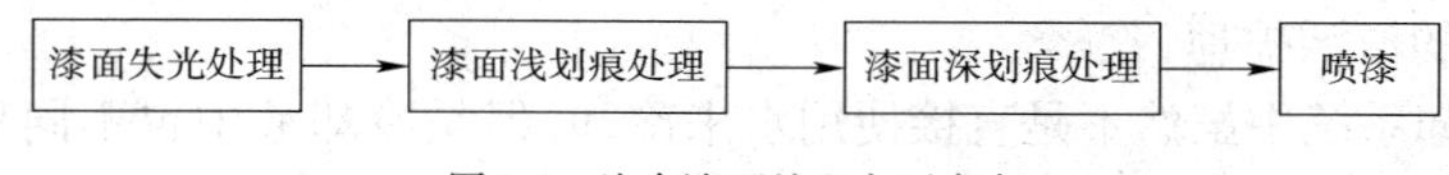

图3-7　汽车漆面处理主要内容

1.漆面失光处理

(1)自然氧化不严重或浅划痕导致的失光处理方法。自然氧化导致的失光,漆面无明显划痕,用放大镜观察漆面斑点较小。由上述原因导致的漆面失光,通常可采用抛光研磨的方法进行处理。

(2)自然氧化严重或透镜效应严重引起的失光。用放大镜仔细观察漆面,若发现漆面有较多的斑点,则说明漆面受侵蚀严重。由于上述原因导致的漆面失光,要求重新进行涂装翻新操作。

2. 漆面浅划痕处理

漆面浅划痕处理的主要程序如图3-8所示。

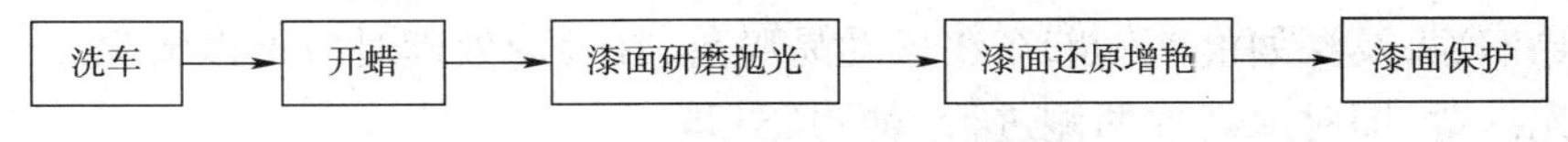

图3-8 漆面浅划痕处理的主要程序

1)洗车

洗车的目的是清除汽车车身表面的污染物、泥土等。

2)开蜡

开蜡的目的是为了保证抛光效果。开蜡作业要求使用专用开蜡水,去除漆面原有的蜡质层,在对蜡质层进行彻底分解的同时,又不损伤漆面塑料。

3)漆面研磨抛光

首先用小块毛巾将研磨剂均匀抹在待抛漆面上,将海绵抛光盘安装在抛光机上,沾满水,保持抛光盘平面与待抛漆面基本平行,启动抛光机,使其转速设置在1500~1800r/min。抛光时保持海绵抛光盘湿润,应不断向抛光盘上洒洁净清水,以降低摩擦表面温度,避免由于摩擦升温过高使抛光盘焦化和损坏面漆。研磨抛光作业在清除95%左右划痕时即可停止,然后用洁净清水冲洗抛光表面,擦去残余物,检查抛光效果。

抛光的作用是清除研磨留下的细微划痕,具体操作方法与研磨操作基本相同。

漆面浅划痕处理应注意以下问题。

在漆面浅划痕处理施工前,待处理表面必须进行清洁和开蜡。抛光剂不可涂在抛光盘上,应用小块毛巾均匀涂抹于漆面待处理部位。

抛光剂涂抹面积要适当,以便于抛光操作,又要避免未及时抛光出现干燥现象。

抛光时要掌握好轻重缓急。漆面瑕疵多的地方要重,要缓慢,用力要去时重,回时轻,棱角边处抛光要轻,来回抛光速度要快。

抛光时及时洒水,洒水最好雾状喷洒,防止因水流过大,冲去抛光剂。

欧美汽车的面漆涂层一般较厚,而日本、韩国及国产车辆面漆涂层一般较薄。在抛光时要注意把握好分寸,千万不能抛露面漆。

抛光作业可以分手工完成,在手工抛光时应注意抛光运动线路不可胡乱刮擦,不可做环形运动,应该以车身纵向平行线为准进行往复运动。

4)漆面还原增艳

抛光作业结束以后,漆面浅划痕已基本消除,对于抛光作业中残留的一些发丝划痕、旋印等,可通过漆面还原进行处理。漆面还原时用小块无纺布沾有还原剂均匀抹于漆表,然后用无纺布毛巾抛光。

5)漆面保护

漆面保护通过对漆面上保护剂实现,漆面保护剂有蜡质和釉质两大类。

3. 漆面深划痕处理

所谓深划痕即划痕深至底漆层的划痕。这种划痕若不进行及时处理,不但对汽车美观影响大,更重要的是极易对漆面产生腐蚀,缩短钣金使用寿命,因此,要予以及时修补处理。深划痕处理工艺一般程序及操作方法如下。

1)表面处理

深划痕表面处理工艺包括以下内容。

(1)清洗、除油。

(2)除锈。

(3)清除旧漆,及深划痕两侧旧车漆松动易脱落,在表面处理时应予以清除。

(4)砂光砂薄,即对深划痕两侧进行"薄边"处理。

2)底漆和腻子施工

(1)如果划痕经表面处理后未露金属基材,仍然有底漆附着良好,则可以在原有底漆基础上直接喷涂封闭底漆或中涂漆。

(2)如果金属基材外露,则需进行腻子的刮涂施工,然后喷涂封闭底漆或中涂漆。

(3)面漆涂装。修补深划痕时,面漆的涂装可参考汽车漆面斑点修补和局部修补有关内容进行施工。

4.喷漆

喷漆是汽车美容作业中要求最为严格,技术含量较高的操作项目。当汽车漆面出现划伤、破损及严重腐蚀失光等现象时,即可采用喷漆工艺来恢复汽车原貌。

喷漆步骤如下。

1)损伤确认

将受损部位清洁后,确认受损程度及范围,从而确立修复方法。

2)打磨羽状边

在受损部位与周边漆膜连接部位打磨出一个缓冲的坡面,便于其后新喷的漆面与原车漆面更好地连接在一起。

3)涂抹环氧底漆

将打磨完的受损面再次清洁除油,涂抹上环氧底漆并烘干,进行防锈处理。

4)刮涂原子灰

将涂抹了环氧底漆的钣金受损件稍微磨毛并清洁除油后,刮涂腻子。腻子晾干后进行打磨,并确认冲压线。

5)喷涂中涂底漆

腻子打磨后进行清洁除油,开始喷涂中涂底漆,并烤干。喷涂中涂底漆时注意,要把不需喷涂的部位进行反向粘护。

6)打磨中涂底漆

对中涂底漆进行打磨,直至与原漆面高度相同。最后确认平整度。

7)调漆

虽然目前特约服务店一般都备有原厂漆,但由于车辆长时间使用后,面漆颜色与原厂漆有所差别,这时就需要喷漆人员进行手工调漆。

8)喷涂面漆

将调好的面漆加入喷枪罐中,调整喷枪的气压、出漆量以及喷涂厚度,开始均匀地喷涂在钣金件上。不同的面漆在喷涂时的工序也有所不同。

9)抛光

针对有瑕疵的面漆进行补救及增光。

三、实训要求

能进行漆面浅划痕处理、漆面深划痕处理、喷漆的操作,学生模拟。

四、实训报告

整理实训内容,完成实训报告。

五、实训注意事项

1.造成漆面失光的原因

1)日常保养不当

(1)洗车不当。洗车时,选用的水源、洗车剂种类及冲洗水压的高低,可能成为漆面失光的诱发因素。因此,洗车时应使用清洁的水源和专业洗车液,冲洗车身的水压也不宜过高。

(2)擦车不当。因为车表浮尘中含有许多硬质颗粒,在擦拭时,易导致漆面出现划伤。正确的方法是先冲洗,再擦拭。

(3)不注重日常打蜡保护。因为车蜡多具备抗高温、防紫外线、防酸雨等功用。所以,建议按不同车蜡及汽车行驶环境的要求,及时给汽车上蜡保护。

(4)暴露环境恶劣。为避免汽车在行驶及停放时恶劣环境的影响,应及时采取必要的保护措施,例如,给汽车打蜡,长时间停放时罩上车套或选择合适的库房等。

(5)交通膜。汽车运行中形成交通膜,也是导致漆面失光的原因。为了避免和减少形成交通膜的可能性,通常采用打蜡和加装汽车防静电装置予以解决。

2)透视效应

所谓的透视效应是指当车表漆面存在有小水滴时,在阳光的照射下,对日光产生聚焦作用,焦点处的温度高达800℃~1000℃,从而导致漆面被灼蚀,出现肉眼看不见的小孔洞。因此,在汽车使用中应注意:一是炎热天气用冷水给车表降温后,要擦净漆表残留水滴;二是雨天后,不要忘记漆表雨滴的去除。

3)自然老化

汽车在使用过程中,漆面在风吹日晒及雨雾等环境中,久而久之,难免出现自然氧化现象。

2.漆面失光原因的判断

(1)自然老化导致失光。当漆面无明显划痕,用放大镜观察漆面斑点较少,这类失光主要由漆面出现氧化还原反应所致,属自然老化失光。

(2)浅划痕导致的失光。当漆面分布较多未伤及底漆的划痕,特别是在强光照射下尤为明显,这类失光主要是由漆表划痕所致。

(3)透镜效应导致失光。用放大镜仔细观察漆面,若发现漆表较多斑点,则说明漆面受透镜效应侵蚀严重,此类失光多为透镜效应所致。

情境四　二手车贸易

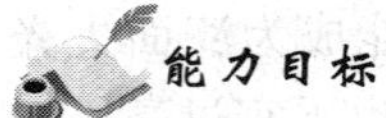

能力目标

1. 熟悉二手车检测的方法和鉴定评估方法。
2. 熟悉各环节需提供的文件资料。
3. 熟悉二手车鉴定评估委托书内容。
4. 能够拟定二手车评估方案。

知识目标

1. 了解二手车洽谈的基本常识。
2. 了解二手车交易的原则和流程。
3. 了解二手车租赁业务流程。

任务一　知识准备

一、二手车业务

二手车业务大致包括二手车交易、机动车辆法律诉讼、车辆投保、车辆置换、机动车抵押贷款、车辆担保、车辆拍卖、车辆典当等。对于同一辆车，由于不同的评估目的，其评估出来的结果及佣金会有所不同。在洽谈车辆评估委托时，明确车辆评估的目的十分重要。

二、二手车贸易功能

1. 二手车鉴定评估功能

二手车鉴定评估从实质上来说，是市场经济的产物，是适应生产资料市场流转的需要，由鉴定评估人员根据所掌握的市场资料，并在对市场进行预测的基础上，对二手车辆的现时价格预测估算。二手车鉴定评估，是指由专门的鉴定评估人员按照特定的目的，遵循法定或公允的标准和程序，运用科学的方法对二手车进行手续检查、技术鉴定和估算价格的过程。它由6大要素组成，即鉴定评估的主体、客体、特定目的、程序、标准和方法。鉴定评估的主体是指二手车鉴定评估由谁承担；鉴定评估的客体是指鉴定评估的对象；鉴定评估的目的是指二手车发生的经济行为，它直接决定鉴定评估标准和方法的选择；鉴定评估标准是指对鉴定评估采用的计价标准；鉴定评估的方法是指用以确定二手车评估值的手段和途径。通过二手车鉴定评估这一技术手段，可让消费者了解车辆的技术状况、价格、行驶公里数、修复经历等信息，从而提高用户对二手车的信任度，达到活跃二手车流通的目的。因此二手车鉴定评估在二手车交易过程中起着重要作用。

2. 二手车收购功能

二手车收购即对社会上的二手车进行统一的收购。要开展二手车的收购,首先就要建立起一个二手车的质量认证和价格评估体系。通过该体系对每一辆欲收购的二手车进行统一的质量认证和价格评估,从而以统一的价格标准收购符合质量要求的二手车。

3. 二手车整修翻新功能

通过对二手车的整修翻新,可以大大地提升二手车的价值,同时提升二手车贸易公司在客户中的影响。目前,这项业务已在欧美国家广泛开展,德国的二手车贸易公司几乎全部在销售的同时加上整修翻新业务,以提高收益率,提升公司整体形象。通常,二手车的整修翻新工作有以下两个途径。

(1)建立二手车整修翻新工厂,对所有收购来的二手车进行规模化的统一整修翻新。

(2)建立二手车整修翻新站,为需要对自己的二手车进行美容的用户提供其所需的整修翻新服务。

4. 二手车配送功能

二手车的配送要根据各地区二手车保有量和消费量的不同,以及各地环境的不同,既要在各地区间开展业务,平衡各地区的二手车供需关系,推动二手车贸易市场的发展,又要通过建立一个国际二手车配送网络,为开展国际二手车贸易建立基础。无论是二手车的国内配送还是国际配送,都要求建立二手车的物流系统,这样才能对国内外的二手车资源进行统一的配送。

5. 二手车交易功能

在开展二手车的交易前,首先要对二手车交易区域进行统一的规划,在此基础上,以各个销售区域为单位进行二手车的交易。二手车交易主要有以下几种方式。

(1)二手车超市交易。它是以某一二手车贸易公司的总体品牌为出发点,建立二手车超市,对各种不同品牌的二手车进行统一交易。

(2)特许经营交易。需要建立二手车贸易特许经营体系,建立二手车交易网点,通过二手车贸易公司的特许经销商对各种品牌的二手车进行统一交易。

(3)与新车同地交易。即借用新车经销商的车辆展示厅的一部分来展示与该新车经销商所经销的新车同一品牌的二手车,以借新车的销售来促进二手车的交易。

(4)互联网交易。在网上建立二手车交易平台,通过互联网进行二手车的交易。

6. 二手车置换功能

二手车置换即通过"以旧换新"来开展二手车贸易,简化更新程序,并使二手车市场和新车市场互相带动,共同发展。客户既可通过支付新旧车之间的差价来一次性完成车辆的更新,也可选择通过其原有二手车的再销售来抵扣购买新车的分期付款。

7. 二手车租赁功能

二手车的租赁可分为用户个人租车、公司租车和长期租车等三个部分,适应了我国法定假日的调整和假日经济的发展。开展二手车租赁,服务规范化很重要,实行统一的租赁价格,是保证租赁利润的重要条件,可以避免二手车租赁公司因各自为营而出现的竞争加剧、价格下降、利润减少的情况。另外,目前在国外还兴起了一种叫做租赁的二手车租赁贸易新方式,即在客户购买二手车之前可以先租赁二手车一段时期并按比例支付租金,租赁期满后用户可根据租赁期中对该车的满意程度,依照租赁合同中的相应条款决定是否购买该车。

8. 二手车售后服务功能

要成功开展二手车贸易，就要充分发挥其售后服务功能。可以通过形成一个统一的二手车售后服务体系，来提高用户对二手车贸易的信任度和满意度。开展二手车的售后服务既可以由二手车贸易公司独立开展，也可采取与各地维修商联合的方式来开展。例如，可与目前已有400多个维修站的大众公司合作，向客户推出购买二手车后半年免维修费的售后服务，即客户购二手车后半年内车辆发生非事故性故障，均可凭注明购买日期的贸易公司售后服务卡前往任何一个大众维修站进行免费维修，其维修费用由贸易公司与一汽大众维修站协商后定期统一支付。

三、二手车经营方式

从发达国家和发展中国家的情况看，随着各国经济的发展，旧车作为一般商品进入市场。其销售渠道不同导致形成了品牌专卖、大型超市、连锁经营、旧车专营、旧车拍卖等形式并存的多元化经营体制，其交易方式有直接销售、代销、租赁(实物和融资)、拍卖、置换等多种。应尽可能减少交易环节，使交易手续灵活简便，为消费者营造方便购买旧车的消费环境。发达的二手车市场可以给消费者和国民经济带来很多好处。例如，能为消费者提供更丰富的选择，为消费者的旧车提供退路，为中低收入者降低购车门槛，为金融机构的进入创造条件等。

四、相关概念

1. 二手车

二手车是指办理完注册登记手续到国家强制报废标准之前进行交易并转移所有权的汽车、挂车和摩托车。

2. 二手车鉴定

二手车鉴定是指有鉴定评估资格的人员，按照特定的目的，遵循法定或公允的标准程序，运用科学的手段和方法，对二手车进行手续查验，对车辆的技术状况进行检测的过程。

3. 二手车评估

二手车评估是指有鉴定资格的人员，经过对二手车鉴定之后，对二手车现时价格进行预测的过程。

五、二手车鉴定评估

二手车鉴定评估实质上是由鉴定和评估两个过程组成的，而实际工作中没有严格的界限，统称为二手车鉴定评估。为了方便理解和运用，二手车鉴定评估又可以定义为:有鉴定评估资格的人员，按照特定的目的，遵循法定或公允的标准程序，运用科学的手段和方法，对二手车进行手续查验，对车辆的技术状况进行检测的过程。

任务二　二手车鉴定评估

一、实训目的及要求

(1)熟悉二手车检测的方法。

(2)掌握二手车的鉴定评估法。

二、实训内容及方法

1. 二手车鉴定需了解的信息

(1)车主基本信息。

(2)委托人是否为原车主。

(3)原车主工作单位。

(4)二手车基本信息。

(5)车辆的适用类型,如家用、出租、商务用车、公务用车等。

(6)车辆的配置情况,如是否有 ABS、电动车窗、电动车门、安全气囊等。

(7)车辆名称、型号、生产厂家及出厂日期等。

(8)车辆初次登记日期和行驶里程。

(9)车辆是否手续齐全,是否进行年检、尾气检验,是否有保险。

(10)车辆户籍所在地。

(11)车辆来历。

(12)车辆评估目的。

对于同一辆车,由于不同的评估目的,其评估出来的结果及佣金会有所不同。在洽谈车辆评估委托时,明确车辆评估的目的十分重要。

对于存在疑问或评估数目较大业务,在业务签订前应实地核实相关信息,确定车辆和车主相关信息的真实性。

2. 车况检查

1)检查外观

(1)检查车身漆色是否一致,两侧表面弧度是否平滑,以 30°~45°看漆面反光是否合理,如有不同,车辆必然修复过,而且修复水平很差。

(2)将车辆放置在平地上,消费者站在距车 3~5m 的正前方,观察车的肩部是否一样高,如果不同,就说明车身钢架修复过或悬架、减振没有修复好。

(3)观察发动机盖和两侧翼子板之间的接缝是否平均;车门边缘的缝隙是否一致;前大灯、后尾部组合灯与金属连接的缝隙是否一样,新旧程度是否一样。

(4)观察每一块玻璃的标识是否是同一品牌。

(5)动手开关所有车门,将车门开启到 45°~60°,并以正常力道关门,观察车门是否能够关严,声音大小是否相同,力度是否一致。

(6)最后观察轮胎磨损的程度,品牌是否一样,花纹是否一致,如果有异,买完车后必须更换,以保证行车安全。另外,由于靠边停车轮毂侧面容易与路侧接触造成损坏,尤其轮毂、轮胎结合处破损严重,动平衡很难修复。

2)检查内室

(1)检查座椅、内衬是否整洁、干净,有没有更换过或拆装过;车内自带的头枕、饰件是否齐全;各个开关操控是否平顺,有无问题。如果经纪公司将座椅、内饰进行翻新,消费者要特别小心,此车很有可能有重大问题。

(2)着车前先打开钥匙门,观察仪表灯的显示是否正常,有无缺少显示的现象。现行电喷车大都有故障警告灯提示功能,在打开钥匙门时,各个提示灯都应亮,如果有提示灯没亮,车主很有可能因此项故障没有排除,故意拆掉仪表灯,以混淆视听。

3）试驾

（1）启动时，发动机是否容易启动，这可以参照消费者开车的经验。如启动的声音沉重，说明马达、电瓶或相关机械有问题。

（2）启动后，首先检查方向盘（带助力）左右打轮时的力度是否一致，转向角度是否合理，转向或掉头时，方向盘打死后，前轮是否有磨轮胎的现象出现，如果有，此车有可能出过交通事故，轮胎经常碰触轮线，会对行车安全构成威胁。

（3）对于手动变速器首先通过行驶公里数和离合器的高低程度来判断离合器片是否需要更换，再看行驶时换挡是否平顺，如果不能平稳换挡，就说明同步器磨损严重，可能需要大修；判断变速器的好坏主要是通过换挡时自变器换挡是否平顺，“闯”的感觉是否强烈；观察换挡时，发动机的转速和车速是否在厂家规定的范围区间内，一般的规定是一挡变二挡的转速应在2000 转，二挡变三挡的转速应在2000～3000 转之间，三挡变四挡的转速也应在2000～3000 转之间。

（4）在行驶时要注意车的噪声的发生处和声音的大小，来判断车的密封程度和隔音效果，如出现哨音，说明车辆修复质量不好，有空气回旋的地方。另外，还要注意发动机、变速器、差速器和悬挂系统是否有异响，如发动机发出“当当当”或“哐哐哐”的声音，变速器、差速器发出“哗啦啦”的声音时，说明此部件该大修了。

（5）有经验的驾驶员是通过观察发动机的怠速平稳状况，加速时是否有力，来判断发动机的好坏。如果有条件，还可以通过车辆爬坡时挡位来判断发动机的动力性能。

（6）制动系统主要看车辆的刹车距离和刹车是否跑偏，我国规定载乘一人的乘用车，在每小时 50 千米的时速紧急制动的距离小于 19 米，载乘四人时的紧急制动距离小于 20 米。另外，还要注意的是 ABS 防抱死装置是否会出现拖带的现象，停车制动要选择在坡道上进行，并且车头向上和车头向下分别测试。

（7）悬挂系统的好坏直接影响到车辆的行车安全。前轮前侧的附着力不同，会在车辆转弯时出现侧滑现象；后轮后侧的附着力不同，使车辆在转弯刹车时容易出现侧滑，比较严重地影响了行车安全。减振的测试是需要根据不同厂家设计标准和车辆自重等不同情况的变化来选择不同的检测标准。一般常规的方法是选择一个车轮用力向下按，然后放开，看它的复位情况，如果上下波动比较大，就说明减振器有问题，一次复位没有波动，就说明减振器的状态还是比较好的。如果过凸凹路面时，车像船似的晃晃荡荡，说明减振器出了问题。

3. 识别汽车真实年龄

从车辆累计行驶累计公里数和购车发票，及车辆日常保养情况和车辆用途等情况判断车辆真实年龄。其实汽车里程只是判断车况的一个标准，而真实的车况通过检查发动机等部分都能了解到，里程表显示的数字并不是汽车价格的决定因素。

4. 技术鉴定结论

购买者购买该车辆，需要进行一些项目维修和换件（如换活塞、活塞环、缸套组件，表面喷漆等）后，才能投入正常使用。

5. 车辆价格评估

车辆价格评估主要是估算成新率。根据国家规定出租车使用年限为 8 年，折合 96 个月。如从初次登记之日至评估时使用年限为 1 年 7 个月，折合 19 个月。

案例分析

1. 登记二手车基本情况

某二手车基本情况登记表见表4-1。

某二手车基本情况登记表　　表4-1

车型	富康1.6	车型	富康1.6
投产年份	2000年5月	工作条件	城市、城镇道路
行驶里程	10.8万km	规定年限	8年
工作性质	出租车运营	评估时间	2001年12月

2. 车身状况和事故痕迹与隐患

经外观检查,车身前左侧撞击受损,油漆有局部脱落现象,车厢内饰有处烧迹。

3. 识别汽车的真实年龄

从车辆累计行驶公里和相关发票来看,本车行驶时间为19个月左右,年均行近10万km,使用强度偏大;车辆日常维护、保养较差。

4. 轮胎磨损程度

由于是出租运营,轮胎磨损比较严重,经车轮定位仪检测,前后轮定位正常,不影响转向。

5. 发动机外观与运转情况

发动机排气管冒蓝烟,通过对发动机功率的检测,发现发动机功率比原设计功率下降20%,由此判定活塞、活塞环、缸套磨损严重,导致燃烧室窜机油。

6. 检查车辆行驶性能

经路试作紧急制动检查,方向稍向左跑偏,但属正常情况之列。用力踩油门,车辆提速困难。其他情况均与使用19个月的新旧程度基本相符。

7. 技术鉴定结论

购买者购买该车辆,需要进行一些项目维修和换件(如换活塞、活塞环、缸套组件,表面喷漆等)后,才能投入正常使用。

8. 车辆价格评估

车辆价格评估主要是估算成新率。根据国家规定出租车使用年限为8年,折合96个月。从初次登记之日至评估时使用年限为1年7个月,折合19个月。根据车辆实际技术状况,综合调整系数确定为0.8,故成新率计算为:(1-19/96)×100%×0.8=64%。经市场询价,评估基准为同型号的富康车,市场重置成本为100400元。计算评估值为:100400元×64%=64256元。

三、实训要求

学生在实训中心对教学二手车进行评估与鉴定。

四、实训注意事项

(1)检查机油标尺是否有金属屑,若金属屑多则表示曲轴连杆可能磨损严重。

(2)检查地板时,应翻开行李箱和地毯,检查有无锈蚀、漏洞、大梁有无曲折及修复的情况,若情况严重则有可能是泡水车或者事故车。

(3)踩下油门提高转速或者测缸压,若出现咯咯声或者缸压低,说明活塞有问题。

(4)观察排气管尾气,若出现大量蓝烟或者白烟,说明气门或活塞磨损严重。

五、实训报告

整理实训内容,完成实训报告。

任务三　二手车交易程序

一、实训目的及要求

(1)了解二手车交易原则。

(2)掌握二手车交易流程。

二、实训内容及方法

关于旧机动车交易行,旧机动车进行交易前,必须通过车辆管理部门安全排放检测,并须经旧机动车交易中心业务人员质量检测,作出检测记录,符合条件者,可准许交易。进行旧机动车交易,售车方须向旧机动车交易中心出具单位介绍信或证明信(属于个人卖车的须持居民身份证)、机动车行驶证、原始购车发票、成交发票、购置附加费凭证、车船使用税"税讫"标志、养路费缴纳凭证等。购车方须出具单位介绍信或个人身份证。工商行政管理部门凭旧机动车交易中心或有旧机动车经营权企业的交易凭证予以验证,车管部门凭此办理转籍过户手续。其主要环节是车辆查验、车辆评估、车辆交易、初审受理、材料传送、材料复核、制证发牌、材料回送、收费发还。

1.二手车交易流程

1)车辆检查

在车辆年检期有效时间段,查验车辆识别代码(发动机、车架号)的钢印是否有改动,与其拓印是否一致;查验车辆颜色与车身装置是否与《机动车行驶证》一致;同时按交易类别对车辆的主要行驶性进行检测,确保交易车辆的正常安全性能。如果一切正常,则在机动车登记业务流程记录单上盖章,并在发动机号、车架号的拓印上加盖骑缝章。

2)车辆评估

专业车辆评估人员将根据车辆的使用年限(已使用年限)、行驶公里数、总体车况和事故记录等进行系统的勘查和评估,折算车辆的成新率。再按照该车的市场销售状况等,提出基本参考价格,通过计算机系统的运算,打印"车辆评估书",由评估机构的评估师签章后生效,作为车辆交易的参考和依法纳税的依据之一。

3)车辆交易

二手车经过查验和评估后,其车辆的真实性和基本价格有了一个基本保障。同时需要原车主对其车辆的一些其他事宜(使用年限、行驶公里数、安全隐患、有无违章记录等)作出一个书面承诺。

4)初审受理

由二手车交易市场派驻各个交易市场的专业业务受理工作人员对各经营(经纪)公司或客户送达的车辆牌证和手续材料,初审其真实性、有效性,以及单据填写的准确性。确认合格后,打印操作流水号和代办单,经工商行政管理部门验证盖章,将有关材料整理装袋,准备送达相应的办证地点。

5）材料传送

由二手车交易市场指定的专业跑（送）单人员，经核对材料的分数后，贴上封条，填写材料交接表，并签章，将办证材料及时、安全地送达相应的办证地点。

6）过户制证

由驻场警官对送达的办证材料，经实时计算机车档库进行对比查询，并对纸质材料进行复核无误，在《机动车登记业务流程记录单》上录入复核人员的姓名，签注《机动车登记证书》，由市场工作人员按岗位的程序进行《机动车行驶证》的打印、切割、塑封，并录入相应操作岗位的人员姓名，然后将纸质材料整理、装订后，送车辆管理所档案科。

7）转出调档

送单人员将转出（转籍）的有关证件、材料和号码送达各地车辆管理所档案科，由警官对送达的转出材料和证件进行复核。确认无误后，收缴机动车号码，并相应在《机动车登记业务流程记录单》上录入复核警官的姓名，并签注《机动车登记证书》，将送至的纸质材料整理后装袋封口，并在计算机中设置成“转出”状态，传递至全国公安交通管理信息系统中，其“机动车档案”和“机动车临时号牌”将由送单人员返送至各代理交易市场。

8）材料送回

经驻场警官复核后，换发《机动车行驶证》及《机动车注册/转入登记表》（副表）和有关证件；或将经车辆管理所档案科警官复核后调出的“机动车档案”和“机动车临时号牌”以及相关的证件整理后送各代理交易市场的办证窗口，并由驻场牌证、材料接收人员签好《材料交接表》。

9）收费发还

各交易市场的办证窗口收到材料并核对无误后，对所需支付的费用逐一进行汇总计算，打印发票，向委托办理的经营（经纪）公司和客户收取费用，核对“代办单”后，发还证照和材料。二手车交易流程如图 4-1 所示。

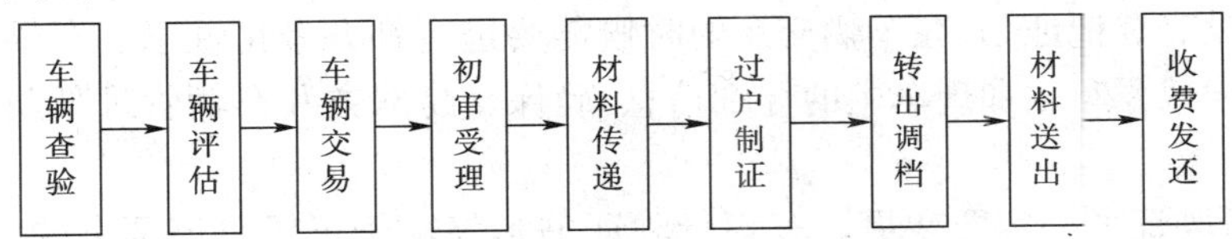

图 4-1　二手车交易流程图

全国不同地区的旧机动车交易中心（市场）在对办理车辆过户的步骤不尽相同，以北京某旧车市场为例，其办理步骤如下。

（1）验车。主要登记车辆的号牌、车主姓名、发动机号、车架号。登记该项目主要目的是为了驻场公安部门对车辆的合法性进行验证。

（2）填写合同“旧机动车买卖合同”，一式三份。填写“车辆过户/转籍受理单”。如委托驻场的旧车经纪公司代办，则填写“授权委托书”，即表示车主委托某旧车经纪公司代办。过户到外地（即办理车辆转出），通常称为“外迁”，需要由买受方签订“外迁保证书”。因为车辆是否能在买受方当地落户，需要当地车管所同意。

（3）手续初审。检验买卖双方所提供的所有手续是否具备办理过户的条件，检查有无缺失以及不符合规定的手续。

（4）检查车辆违章及是否为涉案车辆。

（5）审验合格后，驻场工商部门在已经开具的“二手车销售统一发票”上加盖“北京市工商行政管理局旧机动车市场管理专用章”，即完成“工商验证”项目。

(6)交纳过户费。就过户费收取标准，目前全国各地区执行有很大差异。以北京为例，某旧车市场过户费收取办法执行统一标准：排量 1.3L(不含)以下为 200 元；排量 1.3L(含)至 3.0L(不含)为 400 元；排量 3.0L(含)以上为 800 元。

(7)取得“二手车销售统一发票”。在旧车交易市场取得过户发票后，由于过户发票的有效期为一个月，那么买卖双方应在此期间内，到车辆管理部门(即车管所分所或总所)办理机动车行驶证、机动车登记证的相关变更手续。需要填写“机动车转移登记申请表”。填写好该表格后，车管部门受理该项申请，经审核无误后，出具变更后的机动车行驶证和机动车登记证书。

2. 二手车交易应遵守的原则

(1)不买走私车、套牌车。

(2)不买手续不全的车。

齐全的证件应包括购车发票、行驶证、购置税本、路费单、车船税单、保险单；行驶证还要有车管所每年年审的印章，这类情况可以自己把证件复印后到车管所和有关部门查档，核实真伪。

(3)不买抵押、按揭未付清的车。

(4)不买出过事故的车。查实办法包括到其保险公司查询有无历史赔付，或者到相熟的维修厂让有经验的师傅仔细检查。

(5)尽量不买外地车。这类车核实证件、过户，包括以后的年审都会比较麻烦。

(6)不买经过改装的旧车。车主未经车辆管理部门许可，随意更换发动机、底盘、更改外形尺寸、车身形状颜色等行为，都是不允许的。

3. 二手车交易的必要手续

(1)车辆登记证书一定要办理。车辆登记证书是车辆必要产权凭证，2002 年之前购买的汽车大部分都没有登记证书，在车辆交易的时候需要进行补办登记证书。车辆交易后车辆登记证书会详细记载原车主和现车主的详细信息，确保交易双方和车辆管理部门了解车辆产权变更情况。

(2)车辆行驶证书一定要变更。车辆行驶证书是仅次于车辆登记证书的重要文件，消费者在交易二手车的时候，车辆行驶证书也要变更。需要注意的是，车辆行驶证书的车辆照片也要与车辆相符，车辆要按照规定年检合格才允许办理。

(3)车主身份证、单位代码证书要真实有效。车辆进行产权变更的时候必须持有双方的身份证明，单位需要出示单位的组织机构代码证书。但在此过程中，身份证过期、代码证书没有年检等情况经常发生，需要交易双方将所需证件准备齐全后才能办理。还有一种情况就是身份证或者代码证书的地址和名称与原来车辆的登记证书或者行驶证不相符，这也需要交易双方到车辆管理所变更。

(4)车辆购置附加税、养路费和车船使用税必须合法有效。在车辆产权变更中，需要对车辆的购置附加税、养路费和车船使用税进行查验，车辆的购置附加税必须缴纳，养路费至少缴纳至车辆交易时间内的 1 个月，车船使用税必须缴纳至车辆交易的当年。

(5)签订车辆交易合同，相关内容要填写清楚。车辆购买过程中，买卖双方应该签订买卖合同，在合同中交易双方应明确填写车辆的有关数据、车辆的状况、费用负担以及出现问题的解决方法等，避免今后出现问题时没有依据的情况发生。

(6)及时办理各种相关手续的变更。旧车交易中,买卖双方在旧车交易市场变更车辆产权之后还需要到附加税征稽处办理购置附加税变更,到养路费征稽处办理养路费变更,到保险公司办理保险手续变更。

4.《二手车买卖合同》范本

(示范文本)

国家工商行政管理总局制定

使用说明

一、本合同文本是依据《中华人民共和国合同法》《二手车流通管理办法》等有关法律、法规和规章制定的示范文本,供当事人约定使用。

二、本合同所称二手车,是指从办理完注册登记手续到达到国家强制报废标准之前进行交易并转移所有权的汽车(包括三轮汽车、低速载货汽车,即原农用运输车)、挂车和摩托车。

三、本合同签订前,买卖双方应充分了解合同的相关内容。卖方应向买方提供车辆的使用、修理、事故、检验以及是否办理抵押登记、缴纳税费、报废期等真实情况和信息;买方应了解、查验车辆的状况。

四、双方当事人应结合具体情况选择本合同协议条款中所提供的选择项,空格处应以文字形式填写完整。

五、本合同"其他约定"条款,供双方当事人自行约定。

六、本合同示范文本由国家工商行政管理总局负责解释,并在全国范围内推行使用。

二手车买卖合同

合同编号:

卖方:

住所:

法定代表人:

(如为自然人)身份证号码:

电话号码:

买方:

住所:

法定代表人:

(如为自然人)身份证号码:

电话号码:

根据《中华人民共和国合同法》《二手车流通管理办法》等有关法律、法规、规章的规定,就二手车的买卖事宜,买卖双方在平等、自愿、协商一致的基础上签订本合同。

第一条 车辆基本情况

1. 车主名称:

车牌号码:

厂牌型号:

2. 车辆状况说明见附件一。

3. 车辆相关凭证见附件二。

第二条　车辆价款、过户手续费及支付时间、方式

1. 车辆价款及过户手续费

本车价款(不含税费或其他费用)为人民币：________元(小写：________元)。

过户手续费(包含税费)为人民币：________元(小写：________元)。

2. 支付时间、方式

待本车过户、转籍手续办理完成后________个工作日内,买方向卖方支付本车价款。(采用分期付款方式的可另行约定)

过户手续费由________方承担。________方应于本合同签订之日起________个工作日内,将过户手续费支付给双方约定的过户手续办理方。

第三条　车辆的过户、交付及风险承担

________方应于本合同签订之日起________个工作日内,将办理本车过户、转籍手续所需的一切有关证件、资料的原件及复印件交给________方,该方为过户手续办理方。

卖方应于本车过户、转籍手续办理完成后________个工作日内在________(地点)向买方交付车辆及相关凭证(见附件一)。

在车辆交付买方之前所发生的所有风险由卖方承担和负责处理;在车辆交付买方之后所发生的所有风险由买方承担和负责处理。

第四条　双方的权利和义务

1. 卖方应按照合同约定的时间、地点向买方交付车辆。

2. 卖方应保证合法享有车辆的所有权或处置权。

3. 卖方保证所出示及提供的与车辆有关的一切证件、证明及信息合法、真实、有效。

4. 买方应按照合同约定支付价款。

5. 对转出本地的车辆,买方应了解、确认车辆能在转入所在地办理转入手续。

第五条　违约责任

1. 卖方向买方提供的有关车辆信息不真实,买方有权要求卖方赔偿因此造成的损失。

2. 卖方未按合同的约定将本车及其相关凭证交付买方的,逾期每日按本车价款总额的________%向买方支付违约金。

3. 买方未按照合同约定支付本车价款的,逾期每日按本车价款总额________%向卖方支付违约金。

4. 因卖方原因致使车辆不能办理过户、转籍手续的,买方有权要求卖方返还车辆价款并承担一切损失;因买方原因致使车辆不能办理过户、转籍手续的,卖方有权要求买方返还车辆并承担一切损失。

5. 任何一方违反合同约定的,均应赔偿由此给对方造成的损失。

第六条　合同争议的解决方式

因本合同发生的争议,由当事人协商或调解解决;协商或调解不成的,按下列第________种方式解决：

1. 提交仲裁委员会仲裁;

2. 依法向人民法院起诉。

第七条　合同的生效

本合同一式________份,经双方当事人签字或盖章之日起生效。

第八条 其他约定

附件一:车辆状况说明书(车辆信息表)

附件二:车辆相关凭证

1.《机动车登记证书》

2.《机动车行驶证》

3. 有效的机动车安全技术检验合格标志

4. 车辆购置税完税证明

5. 车船使用税缴付凭证

6. 车辆保险单

7. 购车发票

(此页无正文)

卖方: (签章)

卖方开户银行:

账号:

户名:

买方: (签章)

买方开户银行:

账号:

户名:

签订地点:

签订日期: 年 月 日

填写说明

一、车辆基本信息

(一)“表征里程”项的内容,按照车辆里程表实际显示总里程数填写。

(二)“其他法定凭证、证明”项的内容,根据实际提交证明文件,在对应项前“□”内画“√”,未列明的填入“其他”项中。

二、重要技术配置及参数

“其他重要参数”:根据实际情况如实填写相关配置信息。

三、是否为事故车

如实明示是否为事故车,在对应项前“□”内画“√”。如果“是”,需在“损伤位置及损伤状况”项中描述损伤位置及损伤状况。损伤位置为可以影响到车辆整体结构的位置,主要为A、B、C、D柱,翼子板内板、前纵梁、地板等。损伤状况包括变形、烧焊、扭曲、锈蚀、褶皱、更换过等。

如果“否”,则无需填写后项内容。

四、车辆状况描述

仅描述静态状况,应包括如下内容。

(一)车身外观状况:需描述外观的损伤位置及损伤状况。

损伤位置包括翼子板、车门、行李箱盖、行李箱内侧、车顶、保险杠、格栅、玻璃、轮胎、备胎等。

损伤状况包括状态和程度两部分。

损伤状态包括伤痕、凹陷、弯曲、波纹、锈斑、腐蚀、裂纹、小孔、调换、做漆、痕迹、条纹等。

损伤程度包括：一元硬币可覆盖、大小为 10cm×10cm 成 20cm×20cm 的纸张可覆盖、A4 纸可覆盖、A4 纸无法覆盖、花纹深度少于 1.6mm（轮胎损伤）。

（二）发动机舱内状况：需描述发动机外观状态，各液面状态、线路状况。

（三）车内及电器状况：需描述内饰是否有破损，车内是否清洁，仪表是否正常，各部分电器是否工作正常，车窗密封及工作状况是否正常等。

（四）底盘状况：发动机油底壳、变速箱、减振器是否有渗漏油现象，转向臂球销、三角臂球销是否松动，传动轴防尘罩是否有破损。

以上部分，如果无任何问题，填写"车辆状况良好"。有任何问题均需明确注明。

五、质量保证

明示车辆是否提供质量保证，在对应项前"□"内画"√"。如果"是"，需在"质保范围"项中填写质保内容。如果"否"，则无需填写后项内容。

三、实训要求

（1）能够掌握二手车交易流程，学生模拟二手车交易流程。

（2）熟悉二手车交易合同内容。

四、实训报告

整理实训内容，完成实训报告。

任务四　二手车租赁业务

一、实训目的及要求

（1）掌握二手车租赁业务流程。

（2）了解二手车租赁业务的风险防范措施。

二、实训内容及方法

1. 二手车租赁业务流程

（1）租车预定：客户通过电话或亲自到特许经营店进行租车预定，登记有关租赁内容。如租赁时间、归还时间、租车类型以及其他相关内容。特许店根据客户要求按时提供租赁用车。

（2）选择汽车：客户在租赁网点可以亲自选车，从车的类型、品牌、颜色以及在可接受的付费条件下的用车等级等，都可进行选择，直到自己满意为止。

（3）还车结算：归还租赁的汽车非常简单，只需把车开到租赁公司的停车场，告诉服务员汽车的行驶里程、油箱所剩油量，以及对所用车辆是否满意。服务员会认真记录上述信息，并进行付费结算。付费的方式很多，租赁公司的付费卡、信用卡、旅行支票和现金都可进行结算。

（4）车辆维护：归还的车辆进行正常的检查和维护，以准备下次租用。

二手车租赁作为一种服务产品，为了提高服务质量，控制运营风险，其业务运行的过程管理十分重要。因此，二手车租赁企业应制订合理、严格的业务的流程。

2. 二手车租赁业的风险防范

1）风险来源

当前中国二手车租赁行业有“小、散、低”的特点，即行业规模小，经营管理分散，经营管理水平和整体利润率低。租赁手续简化、违法违规操作多，很多租赁业务都是通过网上或电话申办、提供个人姓名和电话即可而无须签订书面合同，汽车租赁公司也不提供收据和发票。通过提供代驾等方式从事或变相从事道路运输经营活动等灰色经营现象严重。汽车租赁中存在大量“黑车”，如一些假公济私的公车、被盗车、手续不齐车或挂靠形式的私家车等，“黑车”的大量存在本身即有非法营运之嫌，不仅扰乱了正常的市场竞争，在发生问题后更是造成问题的复杂化。十几万元甚至是几十万元的汽车，订立租赁合同后客户就可开走，此后对于汽车的用途、损耗等信息汽车租赁公司无从知晓，汽车完全脱离汽车租赁公司的控制范围，由此带来的风险无法评估、预测。另外，汽车租赁期间违规违章行为处理滞后性带来的汽车租赁公司代人受罚问题也屡见不鲜，待交警开出的罚单寄到租赁公司时，短期汽车租赁往往早已结束合同，车还人走。这样，汽车租赁公司需花费大量时间精力去通知、催促承租人处理违规违章行为，甚至会代为接受罚款、扣分，使汽车租赁公司背上沉重的额外经营包袱。二手车租赁的风险主要来自骗租，实际业务中，骗租主要有两种手段。

（1）骗租者持各种伪造证件，骗取租赁企业的信任，待车辆租到手后，即告人车均消失。

（2）骗租者所持证件全部都是真的，骗租者利用合法、正式证件租车一段时间，租期最少是两天以上，这期间，骗租者有足够的时间和机会私下配备所租车辆的钥匙，然后利用公众聚会等活动或公共停车场寄存，由他人利用配好的钥匙将车偷走，远走高飞，低价处理。

2）二手车租赁业的风险防范

（1）规范租赁程序，强化规范经营。针对实践中的租赁程序略过简便的弊端，汽车租赁行业应规范经营，租赁汽车要对承租人的信息认真审查，承租人需提供如身份证、户口本、驾驶证等有效证件。汽车租赁应采取要式形式，汽车租赁公司与客户应订立书面合同，明确双方权利义务，避免事后不必要的争端。同时根据客户个人财产情况，汽车租赁公司在出租价值较高的汽车时进行科学的风险评估后可采取收取定金，要求提供保证人、保证金、财产抵押等担保方式最大限度降低风险，由他人提供担保的还应明确担保人的法律责任，且书面合同需要担保人签字盖章。在出现异常情况，如未按期归还租赁汽车、汽车使用与租车人职业、身份不符等可疑情况时，汽车租赁公司应立即向相关部门报告，要求提供相应帮助。租车人将外租车辆返还汽车租赁公司时，汽车租赁公司可要求租车人签订一份类似格式条款的保证协议或声明，保证在使用汽车期间无违规违章行为或没有利用租赁汽车实施其他违法违规行为等，否则汽车租赁公司将保留向租车人追究相关责任的权利。在此方面法国的经验或许值得我们借鉴学习，法国汽车租赁公司的车辆全部由警察局电脑登记，租赁车辆违法后，警局立即通知相关的汽车租赁公司，要求提供车辆租赁的有关资料，由警察局直接通知违法的承租人进行处理，汽车租赁公司无须代人受罚。

（2）建立汽车租赁信息平台和租出汽车的跟踪管理制度。国外发达国家的汽车租赁业具有良好的外部环境，如完善的个人信用和社会信用保障体系，借助于信息技术的优势与便捷，可以快速评估客户的个人信用情况。针对我国现实中出现的大量汽车租赁诈骗等案件，相关部门也应加紧汽车租赁平台信息化建设，建立专门的信息数据库系统，查询确认客户的身份、租车风险、偿还能力等，实时统计客户在同一时间段内租赁的车辆总数，预防诈骗，将那些具有不良记录的客户列入黑名单并共享此类风险客户信息。统一信息平台的建立还需实现与公安部门犯罪数据库人员信息、被执行人信息查询、全国机动车违章记录查询等系统的对接。当然，在此过程中应注意对客户个人信息的保密，严格限制信息披露的范围，避免泄露与客户资信无关的个人资料，保护客户隐私。汽车租赁公司对租出在外的汽车应建立跟踪管理制度，通过与租车人在汽车租赁合同中明确约定租车人定期实时反馈义务等途径确保做到时刻保持与在外汽车承租人的联系，知晓外租汽车实时的位置及使用情况等信息，进行技术改进与更新，如在车上安装 GPS 系统等，时刻保持对外租车辆的实时监控。

(3)监管部门加强监管，加大对利用租赁汽车实施违法犯罪行为的打击力度。根据 2004 年 4 月国务院颁发的《中华人民共和国道路运输条例》的规定，道路运输经营包括旅客运输经营和货物运输经营，汽车租赁不属于道路客运范围。私家车不得非法从事营运活动，汽车租赁有别于道路运输，两者性质是完全不同的。汽车租赁与出租汽车营运也有本质的区别，出租汽车属于客运业，汽车租赁则属于租赁业。租赁汽车车主必须与汽车租赁经营者名称相一致，因此汽车租赁公司接受私家车挂靠、提供代驾等方式从事客运服务等行为因未取得相应的行政许可涉嫌非法营运，道路监管部门对此类违法行为应加大监督管理和打击力度。

三、实训要求

学生调研当地二手车租赁公司，了解二手车租赁流程。

四、实训报告

整理实训内容，完成实训报告。

参考文献

[1] 范钦满.汽车服务工程实训指导[M].北京:人民交通出版社,2012.

[2] 栾志强,张红.汽车营销实务[M].北京:清华大学出版社,2005.

[3] 栾志强,张红.汽车营销管理[M].北京:清华大学出版社,2004.

[4] 朱军,屈光洪.汽车商务与服务管理务实[M].北京:机械工业出版社,2010.

[5] 宓亚光.汽车售后服务管理[M].北京:机械工业出版社,2007.

[6] 全国汽车维修专项技能认证技术支持中心.汽车零配件供应与经销[M].北京:科学教育出版社,2004.

[7] 宋润生. 汽车营销基础与务实[M].广州:华南理工大学出版社,2006.

[8] 曾鑫.汽车保险与理赔[M].北京:人民邮电出版社,2010.

[9] 冉黎涛,薛川.汽车美容教程[M].北京:机械工业出版社,2008.

[10] 陈永革,何瑛.二手车贸易[M].北京:机械工业出版社,2006.